品成

阅读经典　品味成长

人生
从来没有真正的
"完蛋"

这世上最吸引人的

就是向上突破的

生命力

从容淡定

是一种

选择

控制自己是人间最大的本领

硬核的HeyMatt　著

前方高能

人民邮电出版社
北　京

图书在版编目（CIP）数据

前方高能 / 硬核的 HeyMatt 著 . -- 北京：人民邮电
出版社，2024.9 --ISBN 978-7-115-64865-5

Ⅰ．B848.4-49

中国国家版本馆 CIP 数据核字第 2024HM0121 号

◆ 著　　　　硬核的 HeyMatt
　责任编辑　马晓娜
　责任印制　陈　犇
◆ 人民邮电出版社出版发行　　　北京市丰台区成寿寺路 11 号
　邮编 100164　电子邮件 315@ptpress.com.cn
　网址 https://www.ptpress.com.cn
　文畅阁印刷有限公司印刷
◆ 开本：880×1230　1/32
　印张：7　　　　　　　　　2024 年 8 月第 1 版
　字数：88 千字　　　　　　2024 年 9 月河北第 3 次印刷

定价：45.00 元

读者服务热线：（010）81055671　印装质量热线：（010）81055316
反盗版热线：（010）81055315
广告经营许可证：京东市监广登字 20170147 号

你好，我是"硬核的 HeyMatt"，一个硬核又独特的学习者。

我是一个普通人，但我通过自己的努力，在 B 站获得了 80 多万名小伙伴的关注，打造了自己的产品和生意模式。

当你翻开本书时，你会发现，书中的每句话都力求真实、简洁、直接。

本书的内容并非"鸡汤"，而是对各种现象的理性分析。

本书分为 3 个板块，分别为关键认知、关键事业、关键能力。

3 个板块组合起来，形成了一个摆脱内耗、增强个人影响力、建立事业、设计产品的总方案。

这个方案我深度实践过，我也用它帮助过许多人走出困境。

希望本书能在个人发展上为你提供更多切实可行的思路。

第 1 章　关键认知

第 2 章　关键事业

第 3 章　关键能力

第一章

1

关键认知

- 有效专注力
- 清晰的思维
- 强大的心态
- 高效社交

有效
专注力

第一节

前方高能

- 我们拥有选择情绪的能力。

- 搁置争议，搁置烦琐，搁置担忧。

- 你打你的，我打我的，以我为主。

- 成功的关键并不在于获取更多信息，而在于更精准地分配自己的时间、精力。

- 一个人只要不断成长，他人对自己的印象是会不断改变的。

- 第一个阶段，叫作突破；第二个阶段，叫作优化。

你是否在"自废武功"

人类很擅长的事就是使自己变得伤感，自己吓自己，自己恨自己。一些人因过去的不幸经历，长期被悲伤与低落的情绪笼罩；另一些人则因接触恐怖、阴暗的内容而夜不能寐、战战兢兢，时刻处于恐惧之中；还有的人常常自责，而越自责越不开心，结果导致做各种事的效率越低。

当一个人的情绪犹如狂风骤雨、汹涌波涛时，无论他有多么强大的意志力，此时他做各种事的效率都远远低于心境平静时的效率。然而，仔细思考后我们会发现，在多数情况下，产生负面情绪并不是一个必然的结果。或许有人会说：你站着说话不腰疼，当你遇到坏事时，自然会难过、生气，并备受打击。

但我要问，这种观念是谁规定的？

为什么遇到不好的事情就必须产生负面情绪，积极性就一定会受到打击？

这种所谓的"不好的事情发生—负面情绪产生—积极性受打击"的循环并非天经地义，而是我们给自己设定的枷锁。

事实是，我们可以打破这个循环。

有一个词语，叫越挫越勇；

有一句俗话，叫遇强则强；

有一种心态，叫"他强任他强，清风拂山岗"。

不论你是否相信，确实存在一部分人就是这样训练自己的。也许在你的周围也有这样的人，只是他们不声张，因此你没有察觉。这些人通过持有"遇到问题就解决问题"的心态，练就了一个本领：搁置负面情绪，转而积极行事。

负面情绪和积极行事如同两条平行线，二者互不干扰。真正理性和有志于成就事业的人，都以解决问题为导向，而非被情绪左右。他们不会一遇到事情就轻易失控，不会让情绪占据主导地位。

人类的大脑根本没有被设置这样一个代码，要求我们一遇到不愉快的人或事，3 秒之内情绪爆炸。相反，我们拥有选择情绪的能力。通过训练，我们完全能控制自己面对困难的态度，平静地解决问题。

做一个行事爽快、干脆利落的人

有时，我们生活不顺，跟人闹了矛盾，或者做某件事时被某个因素阻碍了，导致做事的效率降低——这些都是常有的事。

我认为，一个人若能够"武断"地把这些常有的事归结为鸡毛蒜皮，而让眼前应该做的事被顺利完成，他就会像驾驶着汽车在一条笔直的大道上没有阻碍地疾驰一样，而这是一种非常宝贵的能力。

打个比方，我们眼前有两条路：一条是小路，堆满不可控的烦心事；另一条是大道，能够让我们一路疾驰，奔向目标。清晰地看见这两条路，并且暂时不管那条堆满烦心事的小路，坚定地选择大道、一路疾驰的能力，我称之为搁置力。

搁置争议，搁置烦琐，搁置担忧。

提高效率的终极秘诀，就是先解决首要问题，其他烦心事暂且放一边。这是一个理性的策略，因为等你做完了该做的事、完成了首要任务，你就会拥有一种"啊，我做完了我该做的事"的沉稳而松弛的心境。当我们在沉稳而松弛的心境中，再回过头来看之前的烦心事时，那一件件烦心事就成了一个个更可控的小麻烦。

这样一来，你会发现，可以用更理智、更有条理的方法来分步解决这些小麻烦。甚至，你会从解决一个个小麻烦中，收获"赢"的动力和快感。而不是从一开始就被烦心事干扰得无法执行主线任务，陷入停滞状态。

我这些年一直在练习维持这种心态。纵然有很多烦心事，我也要先完成该做的事，解决首要问题。我要主动选择在大道上疾驰，变得更有魄力，更平静、沉稳，拥有舒畅的心境。然后，当我带着这种心境来扫除另一条小路上的"垃圾"时，就会显得更加从容、有序、高效。

前方高能

你打你的，我打我的，以我为主

在这个世界上，谁有更多有效专注力，谁就能为自己、为他人创造更多价值。所以，我们在竞争中落后的一个重要原因，就是有效专注力被削弱，甚至无法被调动。

假如在一场游戏中，我在静静地积攒自己的能量，但对手为了打击我，采取骚扰策略：在东面，他的兵袭击我一下，我就立刻把专注力放在被骚扰的地区；在西面，他的兵力压上来，假装要攻击了，我又手忙脚乱地准备应付。如此一来，我的目光、我的意念、我的心情，都在对手的掌控中。换言之，我的专注力被对手所调动。

我就像一只猫，而对手击垮我的武器是一根逗猫棒。我的智力没有降低，我的能力没有减弱，但我的心力垮了。我感到很疲倦，无所适从，主观能动性一直在减弱。也就是说，我的有效专注力被削弱了，所以，我的失误也越来越多。

后来我意识到，真正的高手都有一个心法：你打你的，我打我的，以我为主。

这句话的意思就是，我可以接受失败，但我不可以一直为你所用，我的专注力不能一直被你调动。我必须有我自己的策略和执行方案，就算你取得了局部的胜利也没关系，因为我的有效专注力放在全局性的胜利上。

正所谓"我专而敌分"——让敌人陷入兵力分散的局面，而我则聚集优势兵力，解决首要问题。

我之前打篮球时，经常被喜欢说垃圾话、搞小动作的对手破坏心态。后来，在不断培育有效专注力的练习下，我变得越来越沉稳，思路也变得清晰：我要想办法通过各种手段帮助球队得分，不能被对手的垃圾话和小动作干扰。

通过这样的思考，我也渐渐认清了一些生活中的苦恼，并经常问自己：为什么他人的骚扰会影响自己的思考？为什么要为他人的行为生气？为什么要为他人的一句话而伤心、辗转难眠？他人凭什么调动我的专注力？

我记得很清楚，那是一个初夏的夜晚，空调似乎坏了，空调水顺着墙壁"吧嗒吧嗒"地往下滴。我躺在床上，盯着不断滴落的水滴，静静地思考着上面的问题。忽然之间，我的思路清晰了起来。

于是，我决定：从明天起，我不再为琐事而烦恼；我要珍惜和利用好我的有效专注力，思考有价值的事，做有价值的事。

我开始意识到，真正的心智成熟是在思路被干扰、专注力被削弱时，敢于画出两条平行线，并对自己说：尊重他人与我在时间和空间中的不同命运，他人坠落或升起都不能影响我，他人与我是两条平行线，并行不悖，无须相交。

在生活这场游戏中，他们打他们的，我打我的。可能在某些时候，我不得不去加入他们，或防御他们，但从根本上来说，我要以我为主——以我的价值为主，以我的节奏为主，以我的目标为主。

外面很热闹，但与我无关

不少人觉得，当今世界局势动荡，这让他们看不到希望，难以打起精神面对生活，但是我从未对此感到过忧虑。我平时会浏览新闻，看看哪个国家又发生了什么，哪里发生了战争，环境有哪些变化，但是我的心情不会轻易地被影响。

为什么我不会被影响呢？因为"不在其位，不谋其政"。就算我每天为此担忧，又能改变什么呢？这些事情不在我能控制的范围内。这就好比，我在教室里学习，然后一个人急匆匆跑过来告诉我隔壁班的 A 和 B 打起来了，A 之前做了什么事，B 现在的策略是什么……我会说："我没兴趣，请不要说了。"

我为什么要了解 A 和 B 之间的事呢？我现在正在学习，难道我要因为 A 和 B 打起来了，就放下书、放下笔，走出学习的状态，转而去观察他们打架吗？我在观察他们争执的过程中并不能获得任何实质性的好处，即使在他们争吵结束后也是如此。

现在回想起来，在刚毕业的几年里，我的事业发展的主要阻碍之一就是频繁地被他人的琐事分散了注意力。我每天都很忙碌，但实际上真正用于处理自己能掌控的事情的时间却少得可怜。我的大脑中充斥着别人的事情，我的谈话内容也大多是关于他人的。

如果当时你让我聊聊未来的发展思路，聊聊对事业的看法，聊聊喜欢研究的课题，我会哑口无言，不知道从何说起。因为我关心了太多与我不相关的琐事，没能建立起一个认知体系——一个能让我发展自如的认知体系。

后来，我逐渐领悟到：在这个竞争激烈的世界中，成功的关键并不在于获取更多信息，而在于更精准地分配自己的时间、精力。

更为关键的是，我们要能用有效专注力去看、去想、去做，去培育核心技能，去深入挖掘独特优势，整合关键资源，从而逐步扩展个人的影响力范围，让自己能掌控的事越来越多；而不是被海量而繁杂的外部信息裹挟，最终导致大脑中充斥着大量消极、杂乱无章的信息。

资源总是向生命力旺盛的人倾斜

很多资源和关注总是向那些阳光、乐观、有生命力的人倾斜。相比之下，阴郁的气质在某种程度上构成了一种天然的劣势。尤其是当阴郁情绪逐渐演变为冷漠疲惫的态度时，其负面影响更为显著。如果我们被过多鸡毛蒜皮和坏事所牵扯，然后带着这种冷漠疲惫的态度度过人生，那就非常吃亏。

为什么说这是吃亏呢？有两个原因。

第一，让你沮丧、生气的事情发生后，始作俑者照常过他们的生活，而你却还在为他们说过的话、做的事消耗自己的生命，让自己暮气沉沉。这显然是不可取的。

这就好比，我走到小区门口，随便骂了一棵树，然后这棵树就渐渐枯萎了。这可能吗？不可能。树木的成长与我对它的评价无关，这根本就是两回事，两者完全在不同的维度。

第二，冷漠疲惫的态度会让社会资源远离你。一个人如果长期呈现出冷漠疲惫的态度，就可能意味着他的生命力和成长性不足，而面对这样的人，大部分人都会刻意或下意识回避。因此，很多社会资源就会离他远去。

因此，我一直对自己说，如果我足够理性，就不该变得萧索，应该让自己越来越生机勃勃。我应该不断培育好习惯，不断阅读提升认知的书，不断思考、不断突破、不断成长。

大多数疲惫、暮气沉沉的人，觉得他人对自己的评价是定论，自己已经无法改变什么了。但事实上，一个人只要不断成长，他人对自己的印象是会不断改变的。

就好比前文中的例子，我走到小区门口，看见一棵光秃秃的小树，觉得"没错，今天，此时此刻，我讨厌这棵光秃秃的小树，我要痛骂它"。再过一段时间，这棵小树的叶子长出来了，我在树下乘凉时就会觉得"嗯，不错，我挺喜欢这棵树"。所以，就算他人因为曾经发生的事对你评价不高，只要你不断成长，他们就会发自内心地感慨：呀，他真的进步了很多。

"他真的进步了很多。"千万不要小看这句话的能量，这意味着我们对外界的吸引力增强，外界开始关注我们，环境中的资源也开始慢慢向我们倾斜。

他人到底关心什么

在社会历练过程中，我深刻洞察了一个事实：其实世上 99%
的人，并不会真正关心我的纠结或悲伤。

我的女朋友主动提出要跟我分手、我被公司辞退、我跟某某某
吵架了……世上 99% 不认识我的人，根本不关心我的这些事。

大多数人真正关心的是，我在他们面前展现出的感官吸引力，
我传递的情绪能量，以及我为他们带来的实际利益或价值。

第一，感官吸引力。一个人在容貌、身材、气质等方面能有
多少吸引力，是很直观的，这无须过多解释。

第二，情绪能量。我能提供怎样的积极情绪？开心、欢乐、
平和、沉静？当我释放这些积极情绪时，他人更容易被我感
染，进而回馈我以积极情绪。

第三，个人价值。我有什么价值提供给他人？我说的话里有
多少他人能理解的干货？我的文字能否给他人带来启迪？我做
的事能给他人带来多少额外收入？我的产品能解决他人的什么
实际问题？

人们普遍关心这 3 个维度的事。仔细思考就会发现，这些事都是个人价值的体现。只不过，价值的展现形式不一样，有的人展现浅层价值，有的人展现深层价值。但无论如何，这些价值都会吸引他人的注意力。

人们关心的，仅限于此。

先解决心理问题，再解决技术问题

我上小学的时候，非常害怕做口算题。一来没兴趣，二来当时很怕"别人比我做得快"的感觉。总之，我十分苦恼。

后来，我爷爷教导我："学习，其实就像做生意、学本领一样，有两个阶段。第一个阶段，叫作突破；第二个阶段，叫作优化。你现在要做的是有所突破，而不是优化。"

爷爷说："这样，你下次做口算题的时候，所有答案都填'1'。先确保速度最快，在速度这一块占住'山头'，做一个'山大王'，然后再优化。"

在这样的心态下，我开始更轻松地做口算题，并在一定程度上把这一过程当作一场游戏，而我在"速度"这一方面是表现最出色的。我在接下来的一次口算考试中，答案全部填"1"，然后第一个交卷，整个过程非常轻松畅快。

打破害怕做口算题这个局的关键是必须做到心中不惧。我不怕做口算题，就没有了心理负担；没有心理负担，我就能更专注于一件事——如何优化技术。这才是正确的心态。我不能一到考场就把注意力放在"我好差劲，别人好厉害，都是别人做题的声音……"上，因为这样一来，我的有效专注力就被分散了。

不，我要把有效专注力收回来，先建立一种"山大王"的心态：别跟我扯什么正确答案，我们就看谁做得最快！有了这种心态，然后我再思考如何提升技术。

尊重客观规律，用对了方法，就能够优化结果。

关键是，首先要转变"一上场就怯阵"的心态。处理了这个问题，其他的问题就好解决了。

后来，我渐渐能坦然地面对自己的低分，然后从低位出发，不断进步。10分、15分、20分……考20分时，老师开始表扬我有进步；考47分时，我得了最快进步奖，数学老师对我刮目相看，因为在他眼中，我在不断变好。当然，我最后也没有突破50分，因为这个口算考试在那个学期之后就没有了，但是我在这个过程中慢慢养成了胆大心细的性格。

其实，这就像踢球赛，比赛可以输，但只要球员不怯阵，踢得有激情，很多观众照样会为他们鼓掌。球员自己也不再拘谨，大胆试错，踢得痛快、尽兴、酣畅淋漓，甚至会超常发挥。

反过来，如果我还是当初那种"怯阵"的心态，总沉浸在一种害怕考试、害怕看到成绩的状态中，那么，这个课程、这个教室、这张试卷对我而言都会像毒药一样可怕，甚至学习这件事对我来说也会变得十分可怕。它们让我感到人生灰暗，而不是激励我实现自我成长。

强大的
心态

第二节

❯❯ 前方高能 ❯❯

- 完成一些小事，积累一些小的成就，让自己逐渐尊重自己。

- 真正有效的思考能让自己利用好自身优势，在人生这条大道上顺畅前进。

- 真正的帮助和提携并非来自怜悯，而是来自欣赏。

- 不管这件事有多复杂、多难、多棘手，只要有这股心气在，问题都可以有条不紊、按部就班地解决。

- 对于你很平静时都解决不了的问题若你手忙脚乱，那更解决不了。

- 永远欢迎合理的结果。

- 与其整天让"心态上的偏颇"控制自己的情绪，倒不如用生产力建造出能够让自己保持平静、保持积极向上的环境。

从容淡定，是一种选择

设想存在两个点：A 点和 B 点。

A 点，可以被视为大脑在遇到特定情境时的应激反应点。 举例来说，当某人在毫无预兆的情况下受到他人的责骂，或是在踏出家门之际突然下雨了，又或是在文章写到一半时计算机突然死机了。

在这些情况下，大脑中的 A 点会被激活，引发应激反应。 这时候，大脑会告诉我们："必须立刻反应，因为有'刺激'了。"当你还在犹豫时，大脑接着说："哎呀，你要立刻反应啊，要不然不正常啊！"

其实，我们不用立刻做出反应，除了危及生命安全的事件出现。 举个例子，有人给你发了一条非常欠揍的微信信息，你看了之后暴怒，想要立刻回复信息。

且慢。

从你看到这条信息，到你的反应过来、迫不及待地要回复信息，大概耗时 3 秒。 想象一下，现在我们将时间暂停，把 3 秒拉长到 10 秒，可不可以？

答案是可以的，因为不过就是多了 7 秒。

也就是说，A 点（大脑接收到外界的刺激）与 B 点（我们的反应）如果太快相遇，就会发生碰撞，"砰"的一声，鸡飞蛋打。但如果 10 秒后两者才相遇，我们就会看到两者在慢慢向彼此靠近，这就会带来一个更良性的结果。

从 3 秒的立即回应变成到 10 秒的"悬停"，这体现了一种掌控力。 我们拥有掌控时间的力量，让一个个原本会鸡飞蛋打的碰撞，变成一个个和谐的慢动作。 在放慢动作的过程中，我们的心境变得从容不迫。 一旦从容不迫，我们自然而然就有更大的概率做出更好的决策，采取更好的应对方案。

我经常这样练习。 遇到不顺心的事，我会把不顺心当成 A 点，把我的反应当成 B 点，将 A 点和 B 点的距离拉长。 我会对自己说："A 点与 B 点不必立刻碰撞，在它们相撞之前，我可以做一次深呼吸，进行一次合理的操作，从而拥有一个从容不迫的心境。"

前方高能

内核稳定的关键，是拥有凌驾于鸡毛蒜皮之上的课题

在现实生活中，我观察到一种现象：那些内心坚定的人，往往专注于一个较大的人生课题。他们能够将注意力集中在这些重要课题上，因此不会轻易被鸡毛蒜皮所困扰。相反，如果一个人没有明确的人生课题，缺乏一个超越当前困境和挑战的目标，他可能更容易受到外界不良因素的干扰，容易情绪失控，甚至崩溃。

我很喜欢马克·曼森所著的《重塑幸福》。书中阐述了一个引人深思的实例：一位老人在商店中因无法使用优惠券而对柜台职员大发雷霆。为何一张仅仅能省去几毛钱或几元钱的优惠券，竟能让这位老人如此失控呢？

原因很简单——这位老人在收集、剪下及对比优惠券的过程中，付出了大量的精力和时间。这些累积的投入成本使得优惠券的价值在他心中远超过其实际节省的金额。因此，当发现优惠券无法使用时，他所产生的失落和愤怒情绪实际上源于之前付出的时间和精力无法得到补偿。

换言之，在这个老人的生活中，可能没有比优惠券更值得关注

的课题，所以他把所有注意力、期盼都一股脑儿地倾注在优惠券中。因此，一旦某张优惠券用不出去，他就会立刻情绪爆炸。

在现实生活中也有这样的例子。很多情侣分手了，在情绪平稳后回顾过去，会发现许多争吵其实是没有必要的。但当时他们为了一点小事吵个不停、闹好几天的脾气，为什么呢？

因为在热恋阶段，至少有一方可能会将大量的时间和精力投入到另一方身上。所以，对方的一举一动都可能被过度解读或放大，即使是微小的失误或无心之举，也可能被视为重要的信号，这时，争吵就出现了。

这种现象的本质就是，热恋中的情侣的其他人生课题不知不觉被缩小了，而另一半成了自己最大的人生课题。就像《重塑幸福》一书中迷恋优惠券的老人一样，热恋中的情侣把专注力、期盼、依赖感都一股脑儿地倾注在另一半身上。他们的情绪被另一半的言行所牵动，所以，他们的情绪崩溃是可以预见的。

事实上，在感情中更冷静的一方，大概率有着其他更大的人生课题。因为在他们心里，除了感情之外，还有其他非常具备价值的人生课题值得他们专注。所以在感情冲突中，他们往往更淡定、更沉稳、更能保持理智。而在感情中宛若炸药包的一方，他们当时最大的人生课题可能就是这份感情。

不给自己添堵的人占据极大优势

世上大多数人都习惯给自己添堵，他们会自己制造出一些忧心事，主动置身于鸡毛蒜皮之中。他们以外界的刺激为食，这些刺激被消化成了一堆烦心事，无法得到排遣。

几年前的一个夜里，大概 11 点多，我的一个朋友在微信上找我，发了一连串语音信息，不住地唉声叹气。他跟我说，他所在工作群里的人一直明里暗里在嘲讽他。我说："你退群不就得了，不要让他们影响到你的生活。"他说："不，我不退群，心里气不过，退群不是便宜了那些人？"

我无法说服他，只能苦笑一声，关机睡觉。早上醒来，打开微信，我和他的聊天界面蹦出 30 多条语音信息、20 多条文字信息，全是他关于群里的人如何看轻他的车轱辘话。这就是典型的给自己添堵的人。

我称给自己添堵的人为堵路人。堵路人不仅堵了自己的路，也会有意无意地堵住别人的路。堵路人，其实是一种勤于无效思虑、怠于深度思考的人。为什么我对此那么清楚呢？因为我曾经也是一个堵路人。

过去，我长期思虑一些不可控的事情，比如某个地区发生的灾难会让我伤心不已，熟人对我的偏见会让我不开心，陌生人看轻我会让我不爽，我在意的人不理我会让我郁闷。

说来奇怪，这种"感伤"的状态居然能让我产生某种微妙的快感。

我称这种"感伤"的状态为负能量沉醉状态。习惯性地憎恨，时常感到悲伤、妒忌，让我觉得自己是一个容易哭泣的小孩子，每个人都应该专注地望向我。但在别人看来呢？我只是一个情绪中毒的病人。

我的转变在于，从思虑不可控的系统转为思考一些可控的系统。这个转变出现在大二的下半学期，我开始逐渐摆脱失恋后的低迷状态。

我发现自己必须改变了，别无选择。从那天起，我不再费心费力地思虑别人能对我造成什么困扰，因为别人的言行是不可控的。我重点思考的是，我能通过做出什么改变来制造一个自己能控制的人生发展系统。比如，完成一些小事，积累一些小的成就，让自己逐渐尊重自己。

其实，我具有巨大的优势，就是时间充足和有效专注力强。我需要思考的是，如何利用这两个巨大的优势，挖掘出一条价

前方高能

值的护城河。

慢慢地，我的逻辑开始清晰、专注力开始汇聚，心中产生了一股倔强的生命力。我深刻地体会到，思虑过多造成的后果就是对自己的优势视而不见，沉迷于自己的劣势且无法自拔；真正有效的思考能让自己利用好自身优势，在人生这条大道上顺畅前进。

天助自助者

其实我们生命中的第一个"贵人"，应该是我们自己。

我们先要成为自己的"贵人"，然后才能从外界吸引来第二个、第三个、第四个"贵人"。这是一个非常重要的发展思路。

如果我们本身就是一个消极的人，认为世间发生之事都与自己所想相违背，那么我们就永远无法成为自己的那个"贵人"，相反，我们会变成另一种人——把自己锁在"柜子"中，只能看到黑漆漆一片的人。

世界上没有人愿意真正接近"柜中之人"。人们只会可怜"柜中之人"，给予一些帮助。但真正的帮助和提携并非来自怜悯，而是来自欣赏。

只有当你打开了"柜子"，走出了封闭的、漆黑的空间，你才能看到这个世界本来的面目。你才能理解，不管是积极还是消极，都是一种主动选择，而不是无奈、被动。你看见窗外有阳光，那你就走向阳光，就这么简单，不必纠结过多。

有一些人说，这个世上本就有很多消极的东西，怎么能忽视呢？那我们举个例子，桌上有一碗饭和发霉的面包，二选一，我们选择哪一个填饱肚子？我们肯定选择吃一碗饭。我们有必要因为发霉的面包的存在而去吃它吗？我们明明知道那是发霉的面包，避开它就行，为什么要去尝一尝？

其实，"知道那里有发霉的面包"和"与发霉的面包深度捆绑"是完全不同的两回事。

逻辑很简单，发霉的面包是客观存在的，但我们不必盯着它。

我经常问自己，我为什么要盯着黑暗之处？我为什么要把自己和那些消极的情绪捆绑在一起？我为什么要与烂人烂事拉扯，消磨自己的精力和时间？这都没必要。

我要吃饭、吃肉、吃菜，我不吃垃圾。我要向积极的人学习，看让自己受益的书，做有价值的事，将自己的专注力投射在明亮之处、积极之人、坦荡之事上。

我们只有把专注力投放到能实现的、有价值的事情上，才能成为自己的"贵人"。这时，其他所谓的"贵人"才会被我们吸引，观察我们，考验我们，帮助我们，投资我们。

他们帮助我们，可能出于各种不同的目的：纯粹的欣赏、对利益的计算、想拉拢人才、想培养盟友……对此，我们不用考虑太多，只需要认清一点：天助自助者。他们之所以选择帮助我们，原因不外乎两点：一是他们能从中获得切实的利益，二是他们看到了一个正在成长的同类。

主观能动性的作用强大

很多时候，我们都是凭着一股心气做事的。不管这件事有多复杂、多难、多棘手，只要有这股心气在，问题都可以有条不紊、按部就班地解决。心气没了，人的主观能动性就调动不起来。也就是说，我们意识到需要改变某事，但我们愿意用行动来改变这件事的力量没了，用俗话说就是"心垮了"。

在我看来，人生就像一个现代剧场。其中有一个非常关键的要素：电。只要这个剧场通了电，我们就能思考：舞台灯光效果怎么营造，该请哪些演员，怎么售票，给观众提供什么小吃，能请来哪些商家提升人气……

不管这个剧场本来有多差，只要通电，就有的想、有的做。所以，首先要通电。没有电的话，这个剧场就会被荒废。

电是什么？电就是"人活一口气"的那股心气。有了心气，我们就会自然而然地想："我要改变客观现状！"有了心气，我们就能发挥主观能动性，主动想办法，主动找资源，主动找规律，进而主动解决问题。

这时候，我们会自发地把自己定位成解决问题的人。我们会想：嗯，既然这个问题我都觉得难，那么大多数人可能也觉得难，那就看谁更能够耐心观察、耐心思考。

相信我，如果你呈现出这种在解决问题上的主观能动性和耐心，那你将会真正体会到"发现问题，分析问题，解决问题"的快感。

而且，这世上故意给你制造问题的人会减少，而发自内心愿意帮你解决问题的人会增加。因为你呈现出来的精神面貌和气势，以及所采取的科学有效的思维方式，会让那些想给你设置障碍的人主动退缩，而让那些想帮你的人乐于上前一步。

成为将才

在我很小的时候，我的爷爷就教导我处理事情时不要急躁。他说："这世上 10 个人遇到难事，9 个都会慌乱，而真正的将才即使在心里没底的时候，仍能淡定自如、从容行事。"

我当时就不理解，问道："如果一个人心里没底，还能淡定自如吗？肯定会惊慌失措的呀。"

爷爷说："当一位将军遇到遭遇战，不知道对方有多少人马、用什么战术的时候，心中没底，他能惊慌失措吗？一个经验丰富的医生在手术中遇到突发状况，心中没底，他能惊慌失措吗？一个正在办案的警察，遇到棘手、难以解决却又必须面对的危机，他可以惊慌失措吗？不，无论遇到的事情有多复杂、有多难，真正的将才都能做到心不慌、脑不乱。"

一个非常简单的逻辑是：对于你很平静时都解决不了的问题，若你手忙脚乱，那更解决不了。

因此，我们要建立一个科学有效的应对系统，分步骤解决问题，步骤与步骤之间不带入任何负面情绪。 比如在考试中遇到不会的题时，别慌，也不要依赖超常发挥和灵机一动，正常情况下，不会就是不会，情绪再怎么波动也不能让你把题做好，反而可能让你做错本该做对的题。所以，我们先专注于做会做的题，确保不失分。

爷爷常说："要永远欢迎合理的结果。如果你学得不踏实，合理的结果可能就是考 50 分、30 分、20 分，甚至考 0 分，但你也要欢迎这个结果。"

这世上很多人的痛苦源于总是期盼一个不合理的结果。他们明明能力不足，却不实事求是，不愿意接受合理的结果，所以经常会很痛苦。

假如你是一位将军，带兵赶路，远离大本营，直指敌人的腹地，那么，在这一过程中，遭遇陌生的地形，被敌人发现、偷袭，这些都是合理的结果。

如果你不接受被敌人发现、偷袭，那么你就不是一位合格的将军，任何风吹草动都会让你惊慌失措，这样无论多少兵力在你手上，你都难以取胜。

生活也是如此。能取得功绩的人少之又少，为什么？因为能欢迎合理结果，然后分步骤、从容解决问题的人少之又少。

这世上大部分人都期待超常的结果，而难以接受合理的结果。

前方高能

他们习惯于毛毛躁躁地应对问题，几乎排斥科学有效地解决问题的心态。爷爷曾对我说："我不希望你成为毛毛躁躁的人，我希望你成为一个将才，一个从容不迫、善于解决问题，且欢迎合理的结果的人。"

做一个通透的人，别越活越别扭

一些内耗很严重的人，大多并不是有心理问题，而是因为活得不通透而已。活得不通透的主要表现在于不能深刻理解"凡事皆有代价"这句话。大多数人的想法是：我做这件事，只要一个结果，就是赢，不赢，我就不开心；如果我做这件事还付出了一些代价，我就会感到不公平。

比如，打游戏，技术不太行，又不肯认输，输了就骂骂咧咧；做投资，不管投资什么，都只惦记着赚，只要亏损就认为自己倒霉透了。这样的人，在我眼里都是不通透的。

他们不知道他们是有选择的：他们若不玩游戏，不就不会被游戏高手打败了吗？他们若不做投资，不就不会遭遇亏损了吗？但是，一旦选择了做某件事，从那一瞬间起，你就要承担做这件事的代价。不可能既占了便宜还无须付出代价。

要想成为游戏高手，拥有更好的游戏体验，那就必须承受被游戏高手打败的痛苦；要做投资，享受赢利的好处，那就必须承受亏损的痛苦。

也就是说，我们一旦决定做某件事，就应该知道并愿意承担相应的代价。

比如我一直在向外界输出内容，那么我承担的代价就是：我输出的内容可能会招来不少差评和冷遇。

不喜欢我的观众一看到我的视频，就很烦，心里想：啊，又来了，怎么又给我推荐他的视频。对，这就是我需要承担的代价，我要么不做视频，要么就站稳了，直面这些差评和冷遇。

我要想打造我的个人影响力，做出有深度、坦诚的内容，找到意趣相投、欣赏我的观众，我就应该欢迎合理的结果——有人不喜欢我、讨厌我，甚至憎恨我。

只有在这样的心态下，我做的事才能长久。因为在做事的过程中，我看清楚了做这件事的代价，所以能拎得清——在这个"局"中，什么值得我关注，什么可以淡然处之。这样一来，内耗骤减，效率大大提升。

心态上的偏颇，吞噬了多数人的快乐

为什么世上很多人拥有创造幸福的条件，却感到不幸福、不快乐？我认为，造成"不幸福、不快乐"的一个关键原因，是心态上的偏颇。如果在一个人的一生中，他所拥有的好运气和坏运气同样多，他依然会认为自己运气不好，被命运亏待。因为，坏运气比好运气更容易引起我们激烈的情绪波动。

这就好比我们在开车的时候，一路绿灯，会感觉没什么特别的。但是如果一路红灯，我们的感觉就会强烈很多，我们一下子就会变得很烦躁、易怒。

而且更可怕的是坏运气叠加带来的情绪崩溃。连续的好运气会带给我们快乐，但每一次好运带给我们的快乐都在递减，我们甚至会认为，好运连连是正常的，生活本该如此快乐。但如果连续的坏运气呢？随着坏运气接二连三地到来，每一次的坏运气对我们心态的破坏力都会递增，而不是递减。它们叠加在一起，很容易对一个人的积极性造成毁灭性打击，直至让他怀疑人生，不愿再向前。

所以，为什么人类很容易产生负面情绪？很大的原因是就算好运气和坏运气的量一样，但是坏运气带给我们的负面情绪会多于好运气带来的正面情绪，并且坏运气叠加所产生的破坏力远远强于好运气叠加带来的愉悦感。

因此，一个人行走于世间时，其不开心的状态远多于开心的状态。这是非常正常的，因为很多人都难以避免这种心态上的偏颇。

如何避免这种心态上的偏颇，是值得我们深思的问题。我一直用生产力去抗衡这种心态上的偏颇：别人在闹脾气、闹矛盾，我在生产我的产品，打造我的生意。

与其整天让"心态上的偏颇"控制自己的情绪，倒不如用生产力建造出能够让自己保持平静、保持积极向上的环境。这就好比我发布的视频，有的反响很好，各种数据都很好看，有的非常"孤单"，没有太多点击量。如果我只有 10 多条视频，那我的心态肯定会有所偏颇：对反响好的视频，我觉得很开心；对反响差的视频，我会感觉受到了很大的打击，渐渐地产生懈怠感。但如果我有 200 多条视频呢？当我把这 200 多条视频当作一个整体来看时，我今天做的一条视频，无论是很受欢迎还是反响平平，都不会让我的心态产生偏颇。

因为某一个视频的反响程度并不能决定什么，我也不是在进行一场必须胜利的战斗。我通过生产视频来不断增强自身的影响力，而不是期待某一条视频爆火，让我一夜成名。

当我细致、耐心地为一座高楼大厦铺设砖瓦时，我就不会有太多心态上的偏颇，取而代之的是一种平静而淡然的心境。

清晰的
思维

第三节

前方高能

● 我决定要做一件事，就能够把这件事做成。

● 解决问题，其实就是在展现生命的力量。而解决难题时的冷静和专注，就是顽强生命力的一种体现。

● "认知水平的提升"，其实就是指我们的视角不断上升。

● 不同的视野带来不同的认知，不同的认知催生不同的决策，不同的决策造就不同的人生。

世上有两套系统：可控系统与不可控系统

我人生中有一次对我的未来发展影响深远的顿悟，它让我的头脑越来越清醒，也让我在做事时越来越沉稳。我意识到，世上有两套系统：一套是可控系统，另一套是不可控系统。

在不可控系统里，是你无法掌控的事情。比如看球赛，无论你在电视屏幕前吼得多大声，比赛的结果都无法被你掌控。比如人际关系，无论对方与你多么相爱，你都无法真正掌控其思维和行动。比如别人对你的评价，或对你的作品的评价，每个人都有自己的看法，不为你所控。

在可控系统里，是你可以掌控的事情。比如，我能决定自己在 B 站发布视频的时间和数量；比如，我现在决定做一个俯卧撑，虽然一个很少，但我能掌控这件事，使它发生；比如，一个不喜欢看书的人可以决定今天就看一页书。

在发展前期，能完成多少都没有关系，关键是可控点出现之后引发的行为惯性。

今天做完了一条视频，明天可能会再接再厉；做完一个俯卧撑，可能会再做第二个、第三个；看完一页书，可能会再看第二页、第三页；坐下来，专心写完 100 字，可能会再写 200 字、300 字甚至 1000 字，直到最后写出一本书。这些可控点的出现有可能会带来行为的惯性——这是一件美妙的事。很多棘手问题的解决方案、复杂的设计、宏大的创作，都是从一个可控点开始聚沙成塔。

所以，关键是找到第一个可控点。

我们想要的不只是一张彩票中奖，不只是一个人对我们的感情，不只是一次意外的惊喜，而是 "我决定要做一件事，就能够把这件事做成" 的执行力。在做这件事的过程中，我们会形成掌控感和平和的心境，凭借这种掌控感和平和的心境，我们有动力、有能力做得更多、更好。

至于结果怎么样，并不是我们能掌控的。因为结果产生的时候，我们可能已经在做另一件事、在基于另一个可控点进行创造了。比如做视频，视频做好之后，有多少点击量、多少点赞量、多少收藏量，其实我并不那么在意，因为我无法掌控观众的看法。

每个人的思考维度和人生经历不一样，人与人之间的契合度必然也不一样。所以，观众的喜恶不在我的可控系统中。我能够控制的是什么呢？我能控制的是，几天后我又做出一条自认为有价值的视频。

感觉人生被"锁死"是因为解决的问题不够多

记得我刚上大学时，我感觉自己的人生似乎被"锁死"了。所选专业不喜欢，书看不进去，恋爱也不顺利。现在回过头来看，我当时发展的最大局限其实是问题解决得不够多。

我的畏难心态，让我主动回避了多数有价值的问题，所以我无法获得有效经验以增强我对人生规律的感知能力。也就是说，若把人生比作一场游戏，我一直在追求一种过于轻松的游玩方式：一直在游逛，无论大怪还是小怪都不打。

在我的认知中，游戏应该轻松好玩，所以我并不想打怪升级。我当时不懂的是，人生由大大小小的问题构成，人生的价值在于不断解决问题。

如果解决了自己或别人未曾遇过的问题，那我们就比别人多了一些经验，这些经验可以变成我们的一种优势。举个例子：我发过一场高烧，烧到脑子都有点懵，整个人完全无法思考，有种快失忆的感觉，因此，我在医院里躺了很多天。

这种情况谁都不想遇到。在那几天，我身体的温度一直很高，但我内心却感到一股刺骨的寒意——我害怕我的脑子会烧坏，害怕自己会失忆，害怕自己从此不会思考。失忆和失去思考能力，是我最怕的两件事。

于是，我告诉自己，我要将我的思考做成视频。这样一来，就算我真的哪天失忆了，"武功尽失"的我打开自己创作的视频，一条条看完，也能在一定程度上恢复认知力，恢复"武功"。

或者，若在某一天我陷入无法思考的困境，但我在自己创作的视频中看到一个很冷静的自己在分析问题、解决问题，这就将会给我很大的力量去重新振作。

所以，生了一场病虽是一件坏事，但通过经历和解决这件坏事，我打开了一个心结：我之前做视频的时候总是瞻前顾后，怕这个人不喜欢或那个人不喜欢……

现在我懂得了一个道理：趁着自己身体健康，记忆力好，具备清晰的思维，努力记录下自己的思考。别人对我们的嘲讽、轻视，或事业、感情的不顺，都不是真正的痛苦。因为身体受病痛的折磨而不能做自己想做的事，才是真正的痛苦。如果身体无痛、头脑清晰、心境平和，有时间思考和做事，那便是莫大的幸福。

解决问题，其实就是在展现生命的力量。 而解决难题时的冷静和专注，就是顽强生命力的一种体现。 随着解决问题的数量增多，我们就越有方法、越有思路、越有勇气去解决更多的问题。 当问题解决得多了，我们就更容易找到有价值的问题，去进行深度探讨。 而当我们解决了足够多的有价值的问题时，我们本身的价值也会大大增加。

"外星人心态"

我觉得每一个在认知上不断变得强大的人，或多或少有一种心态，即"外星人心态"。假如你是一个外星人，第一次来到地球，你就很可能会对地球上的物种充满好奇心，而且你会特别重视对人类的观察。

在这种心态中，你已经把自己和人类区分开来。你绝不会把自己与其他人——小李、小郑、老张、老王相比较，这些人活得再好，都不会引起你的妒忌或攀比。

你会心无旁骛、专注地探索和学习——对人类社会、人类的能力、人性的探索和学习。

你会很耐心地观察社会规律，体察人性。你会思考：这个人为什么轻视别人，这种轻视的心理从何而来？这个人为什么心甘情愿地浪费大量时间和精力去做无效之事？这个人为什么情绪暴躁，总让身边的人远离他？

当你把自己当作一个外星人的时候，你就会更愿意去探索，去冷静观察。你会更有主观意愿去搜集信息，去增加自己对人类的认知，以一种更冷静、客观的角度，理解某个或某群人呈现出来的优点和缺点。

至于你自己的优点和缺点呢？你会认为，自己的所有优点和缺点，都是获取相关有效信息的"开关"。人类通过观察你的优点和缺点，做出各种反馈，而这些反馈则给你提供深度学习、提升认知的机会。

其实，作为一个外星人，你最强悍的能力不是什么超能力，而是你能把自己和人类区别开来，因此你不会被人类的情绪所累，从而拥有极强的专注力。

与此同时，强烈的好奇心使你对人类社会的观察非常深入。随着你对人类这个物种的研究越来越细致，你对人类社会的客观规律的洞察会越来越深刻，你的认知也会越来越丰富。

随着认知水平的提升，你的决策和行为越来越趋向于合理、高效。这样一来，你的弱点、不足、缺陷也越来越少，最后，你会变成更完美的自己。

侦探思维

如果你觉得上一小节的内容难以理解，那么你可以试试用侦探思维来理解。

在一个案件中，侦探跟所有与案件相关的人都不在一个维度中。犯罪嫌疑人、受害者、目击者等宛如一条条金鱼，会对别人的话语或动作做出各种应激行为。

但侦探不能应激。侦探要用冷静的头脑观察、推断，进而整理出有效的信息。侦探是站在"鱼缸"之外，弓着腰，好奇地盯着一条条"金鱼"的人。

侦探对任何与案件相关的人都感到好奇，对任何有关案件的线索都有探索欲。而正是这种好奇心和探索欲，让侦探具有一种"降维打击"的力量。因为在某种程度上来说，侦探已经没有了人类情绪的束缚。

首先，侦探不会感到羞涩。比如，侦探与一个长得很好看、魅力很强的犯罪嫌疑人交流时，不会面红心跳、期期艾艾。因为侦探的任务是观察，并从这个人言语、动作中取得有效信息。

其次，侦探也不会因为办案过程中的不顺而觉得懊恼。作为一名有经验的侦探，他深刻地知道办案过程中的不顺是常态。对于绝大多数案件，侦探并非一到场就能立刻取得有效信息，并抓获犯罪者。所以，侦探如果过于莽撞，容易懊恼，那只会造成很多错案、冤案。

一名合格的侦探必然有足够的耐心和专注力，能做到有效观察、有效推理。

侦探寻找的是动机、逻辑和理由，从而由这些动机、逻辑、理由推测出真相。另外，在推测真相的过程中，侦探可以蓬头垢面，可以穿破洞的衣服，可以将鞋子穿反……因为很多时候，犯罪者对侦探的轻视恰恰对侦探有益。

认知的本质

想象一下你在路上开车，突然开进了一条比较狭窄的小道，两辆车不能并排通过。这时你前面那辆车停住了，它挡住了你大部分的视野。视野受限导致你并不知道前面发生了什么。你等了好久，心里嘀咕：咦，前面那辆车怎么不动了？是不是它追尾了？与此同时，你的心情也开始变得烦躁。

其实，造成堵塞的原因并不是那辆车，而是那辆车正在面对的问题（比如它前方也有一辆堵路的车）。如果我们的视角能够往上升高，我们就会看到——噢，原来那辆车正在礼让行人；噢，原来那辆车前面还有车；噢，原来前面是红灯。

"认知水平的提升"，其实就是指我们的视角不断上升。

之前我们看到的是前面那辆车。但慢慢地，随着视角的上升，我们看到了前方道路的情况。

当我们看到整条小道的全貌时，堵车的原因自然一目了然。慢慢地，随着视角再度提升，我们忽然领悟到，所有正在发生的事都遵循着一定的客观规律。这里所谓的客观规律是由逻辑、规律、利益、目的糅合而成的。这时候，我们看到了整个城市的道路情况。

我们开始知道，为什么在这一边会有那么多的堵车现象，有那么多的"路怒症患者"；而在那一边，为什么有那么多的欢声笑语。

这个时候，我们再回头，以俯视的姿态，瞅一眼堵在我们前面的那辆车。此时此刻，这辆车可能只占据我们视野的1%。为什么呢？因为这个时候，我们通过观察获得的99%的信息都不来源于这辆车。

随着视野提升，我们专注的不是这辆车，而是造成堵车的关键原因，以及我们要去往哪里。我们的专注力跨过了障碍，我们的心态没有受影响，我们变得淡然且沉稳。

而在此之前呢？当我们的视野没有提升时，我们看到的是几乎占据我们整个视野的前车车尾！加上我们不知道堵车的原因，所以我们开始臆测、开始烦躁、开始愤怒、开始吼起来。

视角提升前后我们的心境完全不同，而决定这两种心境的就是视野。不同的视野带来不同的认知，不同的认知催生不同的决策，不同的决策造就不同的人生。

玩好人生游戏的精髓：决策

其实人生就是一场游戏，每个人面临的游戏难度有高有低。出生在资源丰厚的家庭，游戏难度就低；出生在非常普通，环境不好的家庭，游戏难度就非常高。但难度，只是这场游戏的一部分。玩好人生游戏的精髓，是决策。

无论面对的是困境还是顺境，我们都要知道如何做决策。比如，一个好机会降临在我们的面前，我们该如何把握？一件坏事发生，我们该如何应对以减少损失？

不同的决策会让人生游戏在 10 年、20 年、30 年后，形成完全不同的局面。刚开始游戏难度很低的人，不一定就是最终获胜者；刚开始游戏难度很高的人，也不一定就注定失败。出生、步入青春期、大学毕业，都不是开端。开端是完成 30 年的历练后，开启的新的一站。

从零岁到 30 岁，这期间，不管境遇是好是坏，一切都是对决策能力、应对能力的历练。在我看来，30 岁之前的所有事情，都是游戏的设定，是为了磨砺我们的决策能力而存在。我们的认知能力会通过游戏中的磨炼不断提升。

当我们的认知能力提升之后，我们所做决策的正反馈就会越来越多。正反馈多起来后，我们解决问题的意愿就会越来越强烈，我们把握机会的能力也会越来越强。这样一来，我们前行的路也会越来越宽阔。

高效
社交

第四节

前方高能

- 请平静淡定地进入人的多样性之圈。

- 我可以主动展开剧情。我可以主动推开门、主动握手、主动呈现、主动表达、主动写作。

- 你要对正在经历匮乏的人抱以理解和谨慎的态度。当他们做出一些出乎你意料之外的事的时候，你要有心理准备。

- 你的世界应该在你的成长中，在你的价值中，在适合你发挥主观能动性的土壤中生根发芽，而不该在他人给你的负面冲击中崩塌。

- 利他的本质，不是获取别人的好感，而是帮助别人成长。

- 只有自己成长了，变得更有价值了，才能帮助别人成长。

- 吸引合适的人，屏蔽不合适的人。

成长，避不开很多你讨厌的人

成长到一定阶段，我们就会接受一个事实——人的多样性。这就好比，之前的生活都是平静的，像一个小小的圆圈，这个圆圈里的东西你都很熟悉了：很多人熟悉你，你也熟悉他们，大家甚至都能预判其他人接下来要说什么。但忽然间，你进入了一个更大的协作体系中。这个体系包含了一个令你非常震撼的东西——人的多样性。

这时，你会碰到很多价值观、思维方式和行为方式跟你完全不同的人。

但是不必惊慌。因为这是一个人在走向成熟、不断发展的过程中必然要面对的事。在这个更大的圆圈中，你会遇到很多的嘲讽、很多的不认同、很多的轻视，以及其他很多莫名其妙的行为。但如果你觉得这种冲击只是针对你的，那你就错了。

在这个世上，无论是谁，只要他进入这个大圆圈，都会遇到这些问题。这就好比，你下楼打饭，看到炸鸡腿、梅菜扣肉、卤猪脚和各种青菜等，其中有你喜欢吃的，也有你不喜欢吃的。人的多样性是人类群体的固有属性，是客观存在的。

人的多样性也是一个筛选器，能筛选出心理承受能力强的人。如果你连这都接受不了，那么你就很可能不敢去做一些他人无法理解，但你自己觉得正确且有价值的事。

比如一个 UP 主忽然在某一天不再更新，从此就消失了。原因是他被不喜欢看他视频的人"讨伐"到没有心思做视频了。换言之，他因为不喜欢他的人而选择从此不做视频，并情愿抛弃那些喜欢看他视频的观众。

这种应对策略从理性的角度看是完全情绪化的。我们完全没有必要只关注人的多样性中负面消极的那一部分。在我发布的视频或文章的评论区，也有不少人贬低、嘲讽、轻视我，甚至对我恶语相向的，你觉得我会生气吗？我如果生气的话，还有心思做视频和写文章吗？我如果对这些感到不安的话，还有心情做自己认为有价值的事吗？

在做自媒体的过程中，我的逻辑越来越清晰：第一，我的作品在影响力变大后，肯定会被更多人看到，换言之，我会进入更大的圆圈；第二，在更大的圆圈中，每个人的思维方式、价值观、经历都不同，我不会强求他们都同意我的观点；第三，我的视频和文章不是为不喜欢我的人而创作的，所以我无须特别在意他们的评价。

将这 3 点想清楚之后，我做视频、写文章的质量和效率迅速提升。同样的道理，当你进入更大的圆圈时，不要怕、不要慌，你要告诉自己，这是你走出舒适区、进一步成长和发展的一个必经阶段。请平静淡定地进入人的多样性之圈。在这个圈中，你遇到的那些让你厌恶的人都是客观存在的，就像游戏中的 NPC（非玩家角色）一样。他们不恶心你，也会恶心别人——是否会碰到他们只是一个概率问题。他们以什么方式、什么强度释放他们的负能量与你对自身价值的认识其实没有太大的关系。

所以，尊重客观规律，在人的多样性之圈中冷静、淡定地成长。在成长过程中，你会逐渐变得更有价值、更有实力，建立起你自己的筛选系统，更有效地规避这些你讨厌的人，挑选出你想靠近的人，进而建造自己的社交城堡。

"社牛"的精髓：主动引领 + 容纳冷遇

在社交中，我有两个刻意练习的心态：第一个是主动引领，第二个是容纳冷遇。

主动引领是指，只要进入一个社交场合，我就要做"降维打击"。我会主动打招呼、主动握手、主动对话。我不会静静地等别人来找我，就好像我是一个NPC，没有主角的触发就不会动一样。我不接受这个设定。

在我的游戏中，我是主角，其他人都是NPC。别人有别人固定的反应和台词，而我要做的，就是触发他们，通过他们的反应和台词来决定要不要深入交流。这样一来，整个过程就变得非常简单。

我之前虽持有主动引领这种心态，但不得不说，在人际交往中，我还是比较缺乏主动性的。我不太想去主动控场，不太想去主动发起对话。因为我承受不了对方拒绝我或忽视我，给我造成的落寞感。我对冷遇非常不适。

后来我发现，其实这是两回事。如何开始攀谈，是我的事；对方如何回复，是他的事。这是两个完全不同的系统。

比如我在大一的时候兼职发传单，那时我就懂了这个道理：将传单发给你，是我的系统；接不接传单，是你的系统；你不必为我的系统而感到不自在，我也不必为你的系统而感到尴尬。

再比如，有些读者对我写的东西极度不赞同，恨不得当场撕毁这本书，这是他们的系统。

在他们的系统中自然有他们的逻辑、他们的想法、他们的决策、他们的应对模式。而我，只需要关注我的系统，用最坦诚的态度、最真实的笔触写完这本书。

两个系统，泾渭分明。我有我的系统，我的系统优越性在于：我可以主动展开剧情。我可以主动推开门、主动握手、主动呈现、主动表达、主动写作。至于对方如何反馈、如何回复，是热情抑或是冷淡，那是他的对策，我不必替他的系统担忧。

两个系统，不必互相干扰。无须让他人的负面表现影响你的成长。

在我很小的时候，爷爷教我做生意。做生意嘛，经常涉及人的问题，他就会很耐心地给我分析。他说，你不能看到人们都有五官、有皮肤、有四肢，就觉得大家都是一样的，其实不然。你要对"正在经历匮乏的人"抱以理解和谨慎的态度。

首先，你要知道，每个人所处的环境和接受的家庭教育是不同的。 这在很大限度上导致每个人的三观、心态和行为底线是不同的，从而造成了人的多样性。

很多你觉得离谱的为人处世的方法，对方却觉得非常合理。

就算你面对的人跟你一样，有同样的追求、相似的价值观、相近的家庭教育，但一旦这个人正在经历匮乏，比如感情匮乏、认知匮乏、金钱匮乏，这些匮乏就会促使他们做一些他们不愿意做但不得不做的事。

在做这些事时，他们的内心可能也很痛苦，但因为某种匮乏的存在，为了填补这个空洞，他们不得不去做。

这个空洞有可能是感情的空洞，有可能是金钱的空洞，有可能是尊严的空洞——总之，他们会做出或不得不做出一些让你觉得匪夷所思的事。

所以，你要对正在经历匮乏的人抱以理解和谨慎的态度。 理解和谨慎，并非是指彻底远离或隔绝交往，而是指当他们做出一些出乎你意料之外的事的时候，你要有心理准备。

你要足够沉稳，不能一受到较大的冲击就直接怀疑人生，怀疑自己的价值，怀疑自己所受的教育。 其实，你的人生、你的价值、你所受的教育，包括你的成长，并不受他人由于匮乏而产生的负面行为的影响。

一个理性的人，不会因为碰到好人好事就觉得世界很美好，也不会因为碰到烂人烂事就觉得这个世界糟透了。随着成长，你会慢慢地意识到：你的世界应该在你的成长中，在你的价值中，在适合你发挥主观能动性的土壤中生根发芽，而不该在他人给你的负面冲击中崩塌。

变成一个优秀的人，避免无效社交，打造真正的影响力

这世上每个人都在寻找适合结交的人，并希望与他们成为朋友，或者把他们当成学习对象、榜样。不管这个人实力有多强、性格有多冷傲、住什么房子、开什么车，相信我，他也在寻找适合结交的人，以为他带来新的刺激、新的动力。

所以，我们要做的并不是去巴结、讨好他人，用各种技巧来结交某个"朋友"，而是让自己变强，具有吸引力，从而让别人来主动结交我们。

这种思路能帮助我们避免大量的无效社交，原因如下。第一，自身的价值和影响力足够大之后，你会渐渐成为稀缺资源，从而不必花太多时间去主动社交。因为此时你就是资源，你的名字、你的出场、你的推荐，都是一种价值。

第二，你脱离了一个评价系统。大多数人总是处于别人的评价系统中而无法挣脱，他们在一生中都致力于得到别人的赞赏。他们的好心情、他们对人生的希望、他们奋斗的动力都来自"数量极其有限"的人给他们的反馈。换言之，他们永远活在少数人的评价系统中。

但如果你是一张"百元大钞"呢？一张百元大钞吸引的是正常思维的人。此时你已经从普通商品中脱离出来，成为"硬通货"，你本身就代表价值。不管对方如何评价，你的价值都很稳定，大量的人会被你吸引，主动靠近你。

所以，当你变得足够优秀之后，你就具备了两个属性：第一，因为影响力和资源属性，你成为别人争夺的对象，甚至是暗中炫耀的资本；第二，因为有"被需要"的实际价值，你摆脱了少数人的评价系统，成了"硬通货"。

这两个属性会让更多与你契合的人主动与你结交，从而让你具有更大的影响力。于是，你和这个社会的"有效协作"、你能对某个人群产生的影响、你能利用的资源也会越来越多。

讨好型人格与利他型人格的区别

讨好的本质，是赢得别人的好感。所以，讨好型人格的人习惯于用各种精巧的话术、各种判断和安抚情绪的技巧与人相处。他们不得不将时间、精力消耗在别人身上，因此无暇顾及自己的感受，失去本可以用来提升自我价值的机会。

他们把别人的情绪看作是自己引起的，别人情绪不好，仿佛是因为自己犯了错。比如，今天小王怎么不跟我打招呼？今天老林似乎瞪了我一眼？今天小吴是不是在讽刺我？渐渐地，他们把自己定位为"情绪侦探"，多疑且焦虑——总纠结于别人表现出的情绪，从中推断是与非，并试图做出更多努力安抚别人的不良情绪。所以，通常情况下，他们会把自己搞得很累。

聊完了讨好型人格，我们再分析一下利他型人格。利他的本质，不是获取别人的好感，而是帮助别人成长。而你若要帮助别人成长，那你自己本身就不应该落后于人，不应该价值匮乏。所以，利他型人格的人深刻地懂得一个道理，那就是利他的前提是利己。

在这种认知的基础上，利他型人格的人会不断做出对自己的成长有利的事，让自己变得更有价值。因为只有自己成长了，变得更有价值了，才能帮助别人成长。这是一个朴素的道理。

也正因为如此，利他型人格的人的操作系统的核心机制是吸引和屏蔽。他们吸引合适的人，屏蔽不合适的人。在这个过程中，他们没有多余的动作，没有过度的情绪，没有繁杂的言语。

在他们眼中，人生其实没有太多的谜题。一些所谓的谜题的谜底是利益，而不是情绪。他们坚信，只要他们不断成长，不断提升价值，不断向某个人群提供切实而稳定的价值和利益，他们的人生就有了意义。而在不断成长的同时，他们的正向影响力也不断增强，这使他们能影响更多的人，帮助更多的人。他们所影响和帮助的人也愿意朝他们靠近，和他们一起创造更多的价值。

把握宝贵的心态：从容

一些人之所以恐惧社交，就是因为考虑的"变量"太多。其实社交中，真正要考虑的是"常量"。我们要思考，无论男女老幼都会欣赏的"常量"是什么，其中一个宝贵的"常量"，就是从容。

只要我们把握好从容这一点，无论面对的是非常出众的异性，还是我们的顶头上司，只要他们思维方式正常，他们都会欣赏我们。

从容，就是说话做事，不急不躁，淡定自如。我们可以从说话和做事两个方面来分析。

第一，说话从容。说话的时候，要确保对方听到核心信息，不要因为紧张而给对方造成信息接收上的困扰。你如果紧张，语速很快，说得含糊不清，就会给对方造成压力，很容易让对方失去耐性。这样一来，交流的成本就上升了。

而从容、条理分明、语流清晰的交流，能令人如沐春风，营造出一个轻松、融洽、积极的谈话氛围。

第二，做事从容。你在做事情的时候应冷静、有条不紊。一个真正通透的人从来不慌张，在他的字典中，不存在"慌张"这两个字。就算外界在催促他，他也能非常从容地做他该做的事，不被干扰。因为只有这样，他才有更大概率给对方呈现一个合理的结果。

人一慌张，处理事情的能力就会减弱。所以，当上级或长辈催促你快点时，要么是上级和长辈本身就处于慌张的状态；要么是他们在做抗压测试，考核你的抗压能力。总之，无论哪一种情况，你都不能慌、不能乱。你应冷静应对，顶住压力，按自己的节奏和能力合理行事，最终呈现合理的结果。

能够从容地面对重压、正常行事，是一种极为重要的能力。若我们通过说话和做事，能够展现出我们不慌张的性格和有条不紊的办事能力，就能让他人明白：无论面对什么人，应对什么难题，我们都能从容不迫；无论面对什么催促，我们都不会慌慌张张、毛毛躁躁；即使在重压之下，我们的操作系统也不会崩溃，我们可以淡定自如、保质保量地输出合理的结果。

第二章

②

关键事业

- 打碎思维枷锁
- 设计与生产
- 良性自动化
- 事业心
- 以事业为核心的
  能力塑造

打碎思维枷锁

第一节

前方高能

- 只有能服务好更多的人，在社会的价值体系中，才会变得更加稀缺；只有变得稀缺，才能避免被竞争对手或机器轻易替代。

- 内容的核心是"不过时的价值"。

一次打碎我思维枷锁的长辈指导

我在大学时过得很迷茫。在大三的时候，一位我非常尊重的长辈来学校看我。当时我们就在学校门口附近的大排档吃夜宵。吃得尽兴时，我就开始抱怨一些事，比如抱怨学校里的多数人都没眼光，不懂赏识我。

长辈听完我的抱怨后跟我说了一些话。他说："你的关键问题在于，你不够稀缺，所以你会越活越觉得累；而且，随着年龄的增长，你会慢慢地被替代。"我愣了愣，问："哦，那如何才能变得更稀缺？"长辈笑了笑，摆摆手，说："你不要怨我居高临下地教育你，因为今晚的话我只说一次，以后就不会再说了。"

说他是长辈，其实我把他当成哥哥来看待。他的表达能力、思维方式、为人处世的方法，都令我非常钦佩。所以当时我并不觉得他在"教育"我，而且我真的想知道我如何才能变得更加稀缺。

长辈说："大多数人都喜欢斤斤计较和耍小聪明，是吧？"我说："是。"长辈又说："这些人中的多数认为，服务他人是件被人瞧不起的事。于是，他们绝不肯在如何提供更好的服务这件事上花心思、下功夫。但如果一个人能打碎这个枷锁，用他的聪明智慧、努力去服务大众，让他自己成为一个服务平台，让每个人来到这个平台都可以从他身上得到价值，那这个人的前途就会光明很多。因为他会变得非常特别、非常稀缺，100 个人中可能找不到 1 个跟他一样会思考如何服务大众并提供价值的人。因此，他在无形之中就具备了一个极大的优势，而且这个优势会随着时间的推移而不断扩大。"我听着这些话陷入了沉思。

长辈继续说："你现在似乎有点找不到目标，你知道为什么吗？其中一个原因就是，你始终把自己定位成一个'被服务的对象'。"

听到这里，我的大脑晕晕的，但又有种恍然大悟的感觉。

"父母服务你，学校服务你，你的专业服务你，教授服务你。长此以往，你把自己定位成被服务的对象，也正因为如此，你失去了很大一部分的主动性。这样会带来两个弊端：第一，你接受的东西都不在你的控制之中；第二，别人为你提供的服务受限于他们的认知和能力，所以你可能陷入匮乏的状态。一旦形成这种状态，你的需求会越来越多，求而不得的痛苦也会越来越强烈。如果你想打碎这个枷锁，那么从现在开始，你就要思考：你如何更好地服务大众？你的学识、你的认知、你的产品，如何更好地为陌生人群提供价值？只有做出这样的思考，你的生活才会过得越来越有奔头，这个社会才会越来越珍惜你。"

以上就是长辈对我说的话。也是从那一晚开始，我逐渐转变了心态，即从被别人服务的心态转变成如何创造出价值来服务好更多的人的心态。

只有能服务好更多的人，在社会的价值体系中，才会变得更加稀缺；只有变得稀缺，才能避免被竞争对手或机器轻易替代。

你能够为陌生人群提供什么价值

小李是一个普通人，有很悲伤的感情经历，内心非常不自信，朋友也很少……因此，小李觉得只有某一些熟人在意他，他很难获得陌生人群的关注。

陌生人群在意的通常是你能够为他们提供什么价值。只有深刻地领悟了这句话，才能真正洞悉财富的本质。

你能够为这个世界上的陌生人群提供什么价值？这个问题就是在问：你能解决什么问题？你为什么是不可替代的？这个世界通过顺境或逆境、打击或奖励指引你去思考这些问题。

自始至终，没有人明确地把这句话问出口。但谁能更早从世界的运作中探知没问出口的这句话，谁就占据了人生发展的主动权。所以，让我们看看这个世界上的陌生人——这些活生生的人，我们能给他们提供什么价值？

你能提供的价值可以是情绪方面的价值、思维方面的价值、知识方面的价值、金钱方面的价值等，无论提供什么价值都是有意义的。明确所能提供的价值后，你先别去评论价值的高低，更重要的是根据自己的优势，明确你能为哪一类人群提供价值。

如果你对于这个世界有确定性的价值，拥有一种不会被轻易取代，而是被某类人群需要的价值，你就不会一辈子碌碌无为。

如何找到受众

为陌生人群提供价值涉及两个层面的问题：第一，什么样的陌生人群；第二，什么样的价值。

这两个问题的答案，都可以在同一个思路中寻获：网络正向影响力的打造。

很多人觉得要在网络上有影响力，就必须"整活"，必须像孔雀开屏一样去秀颜值，甚至让自己成为别人的笑柄——这只是对网络影响力极其片面且错误的理解。

真正静下心打造网络正向影响力的人，是内容创作者，而不是部分只会博人眼球的"网红"。内容的核心是"不过时的价值"。一篇文章或一条视频被创作出来，只要在内容上有深刻的价值，那么今年会有人点开来看，明年也会有，3 年后、5年后、10 年后依然有人会阅读这篇文章或观看这条视频，并从中得到启发，甚至主动转发、分享。

如此一来，这篇文章、这条视频被创作出来后，大部分浏览者就成为隐形推广者。他们在生活、学习中可能会不经意地向其他人介绍其中的观点和思路，分享其中的思维模式。

别人通过你的文章和视频得到启发，同时对你的能力和价值予以肯定。这时候，你就有了属于自己的关注者。因为你需要不断创作、不断输出，在创作中，你的文字功底、表达能力和逻辑分析能力也在有序地增强。同时，你的作品的数量在增加，质量也在不断提高。

这样一来，部分深刻认同你的内容的关注者开始有一个期望——你有一套课程、一本书或其他产品，能够让他们进一步跟随你学习和提升。

这时候，你的商业模式和产品设计思路就自然而然地形成了。你不再是那个找不到客户就盲目投钱去装修一家店，试图碰碰运气的愣头青。此时此刻，你已经有了潜在客户。

接下来，你会非常认真、用心地设计产品，以满足核心客户的需求，用价值换取财富。

我的实践：设计第一个产品

几年前，我对自己的自媒体事业进行了深入思考，得出了一个结论：我要打造自己的网络正向影响力。

对于网络正向影响力的构建，我找到了一条途径：帮助他人学习英语。首先，我要解决他人在英语学习时经常遇到的问题。很多人学了 10 多年英语，仍然在堆积零碎知识，没有构建起系统性的输入和输出体系，比较突出的问题是口语表达能力偏弱，这是一个痛点。提升口语表达能力是这些人渴望得到满足的需求，我要用一个产品来满足这个需求。

当时，我创建了一套英语学习系统，叫作"句模系统"。"句模系统"的特点就是能收集并内化英语母语者的地道表达，进行口语和写作方面的模块化输出，使学习者初步达到流利地进行口语表达的水平。

这个系统非常简单，实际上就是一套实用的学习方法——它让学习者像猎人一样，自主地寻觅和捕获合适的"语流"，利用这些有"契合感"的"语流"培养语感，塑造个性化表达习惯。

当时我在 B 站一共做了 5 条关于"句模系统"的视频，从系统构建的底层逻辑，到如何捕获"语流"，再到如何投入实践，都做了详细的解释。这 5 条视频都获得了不错的点击量，点赞量、收藏量、转发量也都不错。很多小伙伴看了这 5 条视频后，觉得耳目一新，并且产生了自己创建"个性化句模"的动力。

我的粉丝数也从 3000 一下子增长到了 2 万多，这是我之前想都不敢想的数字！关键是这 2 万多个小伙伴之所以关注我，并非因为我能"整活"、我长得好看，或者我会讨好他们，而是因为我给他们提供了价值。

我给出了一个绕过学习语法和单词、直接学习英语母语者的地道表达来提升口语和写作水平的方案，这个方案在一定程度上得到了他们的认同。所以，他们看完视频之后关注了我。而只要他们关注了我，随后我发布其他视频，他们都能第一时间接收到信息提示。

所以，我在 B 站上发布的视频的点击量慢慢多了起来。我开始用全英文表达来进一步分析"句模系统"对提升口语水平的有效性。与此同时，我不再满足于聊英语学习，而是开始分析我阅读过的英文书籍，分析这些书籍中的表达，阐述这些书籍在提升我的认知水平上给我带来的帮助。

没错，在我的视频中，我戴着口罩，我的视频制作得不够精致，我的表达不够精准，我还有点大舌头……这些看起来似乎都是劣势。但我的坦诚，我对学习的热情，我对成长的追求，大家能感受到。

大家都知道：我是一个学习者，不是专家或老师。我是一个有缺点的普通人，而不是完美无瑕的人。我资质平庸，绝非才华横溢之人。虽然如此，大家还是愿意关注我、看我的视频，并留言鼓励。

我想，很多小伙伴大概是被我的以下两个优点所吸引：第一，我对自己真正感兴趣的事很专注、很认真；第二，我愿意耐心、细致、有条理地分享我的所思所悟。或许，正是这两个优点让我在内容创作的道路上一路前行。

过了一年，大概是 2020 年末，我在 B 站上的粉丝数突破了 10万，也就是说，一共有 10 万个小伙伴选择关注我！当时有不少小伙伴给我留言，让我尽快出个课程，带着他们一起学习"句模系统"。在那个时候，我又回想起大三那年和长辈吃夜宵时他跟我说的话。

关于"句模系统"的课程是我提供的价值的载体，这种价值可以满足一部分人的需求。在当时，我就预想到，这个课程必然会使一些人不满意。但只要对此满意的人比对此不满意的人多，只要愿意和我一起学习的人比对我的产品嗤之以鼻的人多，这个课程就值得做。

2021 年初，随着第一期"句模班"开课，我终于有了属于自己的第一个产品。这一年，我也有了第一批愿意购买我产品的客户。产品反馈中有好评，也有差评；有喜欢这个产品的人，也有讨厌这个产品的人。但无论如何，作为普通人的我，在 2021 年初，终于找到了我可以去服务的人群。

如今，3 年过去了，我写下这些文字是在 2024 年的元旦。我的 B 站账号的粉丝数也已经突破了 70 万。"句模班"也已经开展了 23 期。老学员（报过 2 期及以上）的人数超过 500 人。"句模班"，这个我倾注无数心血去设计的产品，仍在不断地优化升级。

设计与生产

第二节

前方高能

- 如果长期沉浸在别人的设计中，自身的创造力及输出价值的欲望就会降低。

- 你不再是被雇佣者，不再只是一台大机器中的一个螺母、一个齿轮。你是生产者，你设计出了一个科学有效的系统，可以源源不断地设计、生产自己的产品。

- 万事万物皆有联系。

- 我们应该掌握属于自己的生产资料，而不是成为被别人利用的"工具"。

设计出一些东西，让别人沉浸其中

在大学期间，我非常沉迷某个单机游戏，卸载了又安装，安装了又卸载，就是戒不掉。后来我意识到，这个游戏中所有的一切都是设计，没错，都是让我沉迷的设计。从那以后，我对玩游戏就非常节制。我开始意识到，在玩游戏时，我的精力、我的物质付出、我的所有喜怒哀乐，都是游戏设计者计算的结果。

我渐渐悟出了一个道理：在这个世界，不是你设计出一个东西让别人沉浸其中，就是别人设计的东西让你沉浸其中。而多数人都沉浸在他人设计的"游戏"中难以自拔。

我认为我也必须设计出一些东西，让别人沉浸其中。我必须每天安排一部分时间琢磨和设计一个东西，否则，我就很容易把一天的宝贵精力全部投入别人设计的"游戏"中。

这些"游戏"，不一定是我们日常熟知的游戏，也可能是八卦新闻、粗制滥造的网剧等。这些画面、这些文字，都是别人设计出来的。别人精心地对情绪进行调动或者对感官进行刺激，让我们获得"沉浸感"，在他们的设计中无法自拔。

我如果长期沉浸在别人的设计中，我的创造力及输出价值的欲望就会降低。因为我会很自然地觉得：这个世上已经有那么多新内容了，不必再多一个创造内容的人。

很多人在学生时代写过作文，但现在还会写吗？对于多数走入社会的人，你让他们再写点带有自己思考的内容，他们会觉得非常不适应。他们创作、输出文字的能力已经减弱了。

小时候，我们还会在夏日午后，坐在客厅里仔细搭建积木城堡；或者在沙滩上，聚精会神地用沙子堆一座沙塔；或者在雪地中，静静地堆一个雪人。每一个积木城堡、沙塔、雪人，都具备独创性。

但现在呢？大部分人的生活中很少有自己独创的东西。因为创造力和耐心已经被他们脑中那些乱七八糟的信息挤压得没有"呼吸"的空间，他们几乎失去了创造力和耐心，所以很多没有被利用起来的时间和精力都被他们投入别人做出的、对他们的成长缺乏帮助的设计中。

每个人都要有一项事业，无论大小

事业是一个人产生进取心和内驱力的关键，因为事业是一个你能独自控制且持续产生正向效益的系统。

你不再是被雇佣者，不再只是一台大机器中的一个螺母、一个齿轮。你是生产者，你设计出了一个科学有效的系统，可以源源不断地设计、生产自己的产品。

你的产品可以是一篇文章、一种食品、一套衣服……第一个产品究竟是什么并不重要，因为我们以后可以设计出很多不同的产品。真正重要的是，产品的价值逻辑、设计、品控、交付方式都牢牢握在你的手里。因为你有了生产产品的系统，所以你开始有自己的客户。

这是非常关键的一句话，我有必要再重复一下：因为你有了生产产品的系统，所以你开始有自己的客户。而当你的构思、设计、生产出来的产品被客户主动地购买、赞赏和认同，那一瞬间，你就会产生人生中最美妙的感受之一。

这种美妙的感受，不是打游戏获胜时的极度亢奋，也不是恋爱阶段的甜蜜，而是你真切地感受到自己是一个生产者，有了真正的生产力。你生产的东西得到陌生人的认同，与此同时，它也为你带来收益。在这一刻，你作为一个生产者来探索生活的积极性会陡然跃升到一个新的台阶。

你开始驱动自己去不断学习，不断设计和生产更好的产品，服务更多、更合适的客户。你脑中思考的东西不再局限于住多好的房子、开多好的车、拥有多美妙的爱情、参与多刺激的娱乐活动，你思考的更多的是自己的事业，是能给你带来生产动力、有价值的事业。

你会思考，如何让这项事业持续发展。这样一来，你对自我教育就有一种更加自发自觉的驱动力。你会不断地自学，不断地虚心请教，不断地阅读，不断去试错。因为你知道，唯有通过不断学习和实践，让自己的经验，学识和认知水平持续提升，才能事业长青。

这是一种极为高效的自我教育。因为你作为生产者在创建和经营这项事业的过程中，会变得更加成熟、理性、强大。

开发创造性生产力

生产力分为普通生产力和创造性生产力。普通生产，比如放牛、打螺丝，不需要动用创造力。但说实话，这类生产活动并不有趣，大脑很容易感到疲惫和枯燥。

真正让大脑觉得有趣的是创造性生产。为什么呢？因为当你专注于创造性生产时，你就会习惯创造和输出。你会发现自己变成了一名设计师，能设计出新的东西。设计是一个思考、创造的过程。

当你在设计东西时，你就会慢慢发现万事万物皆有联系。为什么呢？因为你一直在脑中思索着自己要设计出来的那个东西。所以，大脑就开始养成一个习惯：当它接收到一些有启发的信息而产生感悟时，它就会自然而然地思考该如何将这个感悟嵌入设计。

比如你在琢磨如何撰写一篇文章，那么你平常看的书和电影、身边的见闻等，都能通过筛选成为你文章中的要素甚至亮点。这些信息在别人眼中不过是一些内容碎片或琐事，但对于你而言，它们能嵌入你的思考和文章之中。

比如，你在设计一个商业模式，当你看到一家很热闹的店时，你的大脑的反应很可能不是：啊，又要排队，好烦！而是：咦，为什么这家店这么热闹，它产品和经营模式有什么特别之处？这个时候，你更愿意细心地观察一番，为你脑中的想法补充现实的佐证。

这样一来，你会慢慢发现，在你身边的很多东西，好的与坏的、美丽的与丑陋的、清晰的与模糊的，都能在某一程度上启发你，都能为你要设计的那个东西提供"价值养分"。

你的大脑渐渐具备一种"沉淀价值养分"的功能。一句话，别人听了就听了，过会儿就会忘掉。而你不同，这句话会沉淀在你的脑海中，进而出现在你的口中、笔下。一篇文章，别人看了就看了，也许并不会深度思考。而你不同，你会对文章中的精髓念念不忘。对于一段经历，即使是不好的经历，你也能通过反思产生更深刻的感悟，让其为你产品的设计提供思路上的帮助。

你的大脑经常处于活跃的状态——你发现你更有欲望去了解新事物，你对周围的事物的感觉也会更加细腻。这就像是你伸出手，不管碰到什么，都会有能量从指尖传输到你的大脑之中，成为你的灵感。

以我自己为例，我在设计的"句模系统"时也经历了这个过

前方高能

程。 在过往的岁月中，我研究过的方法论、我深度阅读过的书、我学英语时的挣扎，好的事情带给我的激励、坏的事情带给我的反思，都为"句模系统"的创建提供了"价值养分"，使得"句模系统"最终成型。

其实这是一个不断从外部吸收养分，不断在实践中更新迭代产品的过程，也是一个"在事上磨"的过程。 而在这个过程中，我的大脑并不觉得枯燥。 相反，我的大脑觉得这些挑战很有趣。 因为这些挑战就像一片片积木，在搭建的过程中，它们可以形成各种配对、各种形状、各种规模……这让搭积木的人乐此不疲。

掌握属于自己的生产资料

运营自媒体，我们要掌握属于自己的生产资料。这里的生产资料，指的是一个能够自主制造产品并搭建销售渠道的系统。

我们可以简单理解为：生产资料＝产出系统＋销售渠道。比如，一片田里种植了果蔬，它们秋收之后才能卖，这片田就是生产资料。一家工厂有工人和机器来生产订单中的产品，这家工厂就是生产资料。比如印刷厂通过自动化的印刷生产图书，依托线上和线下的渠道进行销售，并带来收益；软件公司开发能解决实际问题的软件，软件被不断复制、销售，为需要它的受众群解决问题。这些都是生产资料。

产出系统，即能生产出（有销量的）产品的系统。很多怀才不遇的人没有找准他们要满足的需求，所以他们穷其一生也没有建立一个科学的产出系统。

比如自媒体运营者能不能持续产出文章和视频，通常取决于他们能不能接到商单（广告合作），但我从来不认为接商单是运营自媒体唯一的商业模式。我认为，我们应该掌握属于自己的生产资料，而不是成为被别人利用的"工具"。

当你输出了足够多有价值、能展示你的思想的内容，自然会有欣赏你的观众——他们愿意购买你的产品，将其作为对你的一种支持，并希望从你的其他产品中有所收获。在这种逻辑下，你更容易做出你真正想做的产品，找到你真正想服务的客户群体。你的产出系统和销售渠道也更容易搭建起来。

与此同时，你的客户、产品应该是能够让你的创造力不断增强、事业不断上升的助力，而不是白白消耗你的精力，让你越来越茫然、越来越失去主观能动性的人和事。这是一个深度思考、深度实践的过程。

良性
自动化

第三节

前方高能

- 只要通过不断地实践、反思、再实践，我就能打造出一个个关于习惯、思维、商业、感情的良性自动化工程。

- "自创产品 + 订单销售"能在一定程度上降低创业风险并提升创业成功率。

人生破局的关键：创造无数个"小我"

对我而言，有一件事非常有价值：创造"小我"。

这里所谓的"小我"，是指创造一种能代表我，且能源源不断给我带来效益的非生命体。我和"小我"能分头行事，不会相互干扰。我游玩、生病、睡觉，都不影响"小我"发挥它的作用。"小我"一旦被创造出来，我就可以放手不管，让它自己成长，它甚至能自成一片生态，为我输送"价值养分"。

我对"小我"的定义是：能代表我，又独立于我，且持续给我带来效益的东西。比如，此时此刻，你拿在手上的这本书。

它既代表我——代表着我的思维模式，融汇着我的决策和实践，聚合着我人生中的挫折和突破；又独立于我——此时此刻，我不必站在你面前跟你表达我的所思所想，但你确确实实通过文字知道了我的经历、我的感悟。

它持续地给我带来效益：喜欢这本书的读者，自然会把它买回去。这本书，就是一个"小我"，它充满活力，生机勃勃。

打造更多的良性自动化工程

"小我"被制造出来之后，就有概率变成良性自动化工程。什么是良性自动化呢?

比如，当我的视频达到一定数量，质量也较好时，在合适的平台上，它们就能形成良性自动化：视频 A 的播放量带动视频 B 的播放量，视频 B 的播放量又带动其他视频的播放量。观众看了我的一条视频，感觉不错，再看我的一条视频，也感觉不错；看了好几条视频后，他们会感觉我能分享干货，于是点了"关注"。就算我在睡觉、洗澡、爬山，我的视频都不断有人观看，不断有新的小伙伴关注我的账号。

比如，我开设的"句模班"也属于良性自动化工程：上一期"句模班"引了合适的客户，这些合适的客户变成老客户，老客户形成的口碑效应会为下一期"句模班"带来更多合适的新客户。

再比如，我写的这本书也是良性自动化工程的一种。当这本书出版之后，一本本书被印刷出来，在书店中被购买，或在网页上只需一个点击，就能被包装好送到读者手中。

前方高能

这些都是我已打造的良性自动化工程，它们能让我抽身而出，让系统独自运作，并持续给我带来收益。

5年前，我发布的前3条视频只有极其惨淡的点击量。一个月过去了，那3条视频的总点击量也没有超过100次，点赞数更是寥寥可数。我很沮丧，但我知道我不能把这3条视频进行盖棺论定。我不能看到点击量很少就觉得：完了完了，我不适合做UP主，没人喜欢看我的视频。

这3条视频反映我在打造良性自动化工程时挖土凿地的样子——一切都显得很生涩、很艰难，即使我汗流浃背也无人理睬。但这是打造良性自动化工程中极其重要的一个环节，播放数据差是我打造这个工程所要付出的代价。

我相信，只要通过不断地实践、反思、再实践，我就能打造出一个个关于习惯、思维、商业、感情的良性自动化工程。

一种低风险创业模型：自创产品＋订单销售

创业风险极大。比如，小李投入很多钱去装修一家店，但这家店卖的东西到底有多少客户，小李可能并不清楚。因为小李的信息来源是臆测，或者根据市场情况简单推测。

小李支付了租金、装修费、前期的广告运营费之后，仍然无法确切地知道在正式开业后的前3个月里，这家店到底会面临怎样的销售状况。因此，为了尽可能规避创业风险，我们可以采取一种风险较低的创业模式：自创产品＋订单销售。

我一直认为，一个人要开创人生的良好局面，并不一定要有一份稳定的工作，或者赶上什么红利期，而是要自主地设计出一个对客户有价值的产品并收到足量订单。

不管这个产品是实物还是虚拟产品，欣赏这个产品的客户往往愿意在这个产品还未正式上架销售前就进行预定。采取这样的创业模式能大大提升创业的成功率，原因有二。第一，有了订单，创业的风险降低，因为你规避了产品真正推出后无人问津的尴尬局面，而且你能根据订单的情况决定以多大的规模

前方高能

生产这个产品。第二，良性的订单销售能够有序地扩大品牌影响力。只要是产品，必然有不喜欢它的客户。但我们只要能做到让大部分客户觉得满意并且愿意继续购买，我们的品牌就能有序地正向发展。

这是因为随着产品的持续生产，我们拥有越来越多的老客户，认为我们的产品有价值的老客户会有一定概率向其他人介绍我们的产品，由此被吸引来的新客户也有一定概率成为老客户。这样一来，我们的品牌就进入了一个良性发展的循环。当在下次推出同类产品时，我们就不缺愿意提前预订的客户。所以，"自创产品＋订单销售"能在一定程度上降低创业风险，并提升创业成功率。而成功创业模式的前提和保障，是我们要具备网络正向影响力。

通过实践和思考，我深刻地知道，我需要不断地学习、思考、研究，输出有价值的内容，做出有价值的行为，让别人愿意在尊重我的情况下关注我。只有在这样的情况下，我才能更好地找到和我深度契合的客户。

这些客户在认知、思维模式等方面与我有诸多相似之处，而我的某种能力恰好能让他得到价值。那么，这些与我有契合感的客户就会购买我推出的适合他们的产品。甚至，他们会不断催促我加快生产，希望拥有更多的产品选择。

我坚定地认为，采用"自创产品＋订单销售"的创业模式是大多数人开创个人的商业化局面时最合理、最有效的选择。

前方高能

事业心

前方高能

- 这就是求是思维：我不管你对我的评价如何，我也没法控制你的语言和思维，所以，我不会应激，而是会根据实际情况冷静地思考，让事情朝于我有利的方向发展。

- 每天纠结情感问题的人，往往缺乏愿意投入心血的事业。

- "硬通货"不必刻意追求别人的喜爱，只需用解决问题的方式来呈现它的价值。

- 这条大鱼就是某种使命，这种使命能"吃"掉大部分的小烦恼。

- 你的优势有多突出决定了来主动找你合作的人有多少。

- 我要争取让我的毕业证书成为一种锦上添花般的存在，而不是我的前程的决定性因素——我的硬实力才是。

"软绵绵"的学生思维，让大多数人越活越憋屈

我读初一时，有一个同学叫小浩。小浩的爸爸妈妈在我们城市西门的一个小角落做炊肠粉的生意。

当时我们看古龙的小说，小说里有一个剑客叫西门吹雪。我们班就有一些好事者，把小浩家里的这个生意称为"西门炊肠粉"。对于我这种局外人来说，这听起来确实比较搞笑，但对于当事人小浩来说，这很可能是一种嘲讽。

原本我以为，小浩听到这个外号后心里会难受——谁知道，小浩并不以为意，而且让我们放学后去西门看他帮他爸爸妈妈炊肠粉。慢慢地，"西门炊肠粉"这个外号不胫而走。很多人都知道学校里有一个家里做炊肠粉生意的同学。

小浩曾经说，他家里当时的处境就是，爸爸妈妈都下岗了，然后爸爸妈妈学了手艺，开始做炊肠粉生意。

小浩认为，爸爸妈妈都在努力工作，那么他也要为家里做点什么，所以帮家里增加收入就是小浩当时很想做的事。至于别人的嘲笑、讥讽，对小浩来说都无法压过"他要为家里谋福

利"的动力。

这是我第一次很明显地感受到求是思维和学生思维的不同。学生思维，本质上是一种"我等待别人给我评判"的思维。比如，我这双球鞋帅不帅？隔壁班的女生有没有朝我望过来？这张试卷我考了多少分？老师有没有表扬我？爸爸妈妈的脸色透露出什么玄机？

拥有学生思维的人，总是在思考别人认为他怎么样。如果小浩也具有这样的学生思维，那么别人老说他们家的生意是"西门炊肠粉"的时候，小浩很可能会变得恼怒：我爸爸妈妈这么辛苦，你居然给出这样的评价？我是你的同学，你居然居高临下地嘲笑我、贬低我，我们有仇吗？

这就是典型的学生思维：受不了任何人对他的冷遇、嘲讽或意料之外的评价。但小浩并不具有学生思维，而是具有求是思维。

小浩的思路是：没错，我家确实是在做炊肠粉生意，而且我家确实在西门做生意；我家的目标是增加收益——因为爸爸妈妈下岗了，所以我家的这个生意一定要旺起来；既然你们都觉得这件事好玩，那好啊，我就让我家在做炊肠粉生意的事，被学校里的更多人知道，这样，喜欢吃肠粉的同学知道这件事后，就有更大的概率来我家吃肠粉——结果是，我家的收益

前方高能

会逐渐增多。

这就是求是思维：我不管你对我的评价如何，我也没法控制你的语言和思维，所以，我不会应激，而是会根据实际情况冷静地思考，让事情朝于我有利的方向发展。

拥有学生思维的人会对自己的能力和处境进行想象，一旦实际情况不符合这个想象，他就会应激，产生负面情绪，如沮丧、悲伤或愤怒。

拥有学生思维的人，情绪和状态起伏大，能决定他们情绪和状态的是别人的话、别人的反馈、别人的评价。有些时候，别人轻飘飘的一句话就能把他们的主观能动性降到最低，让他们再也提不起斗志。

求是思维是非常"硬朗"的思维，它能帮我们思路清晰地营造一个有利的阶段性终局。

拥有求是思维的人往往会思考：在现阶段，我到底要得到什么结果？围绕这个结果，我需要制定怎样的战略、战术、或进行怎样的资源配置？

所有决策都应尽量顺应我们想营造的阶段性终局，而不是与之相违背。

所以，在拥有求是思维的小浩看来，别人的评价其实都是基于其认知和情绪所做的表达，真正懂他的只有他自己——只有小浩才最了解他自己的长处、他家里的状况、他拥有的资源，以及他今天应该做什么来为家里谋福利。

所以小浩会很自然地思考：我应该从这个基础出发，搜集更多有利因素，做出更多"求是的行为"，达成一个更好的结果；与其情绪失控、和别人闹矛盾，我应该更冷静地做更有效的事——为家里谋福利。

在这样的专注状态下，自然而然地会有更多良性的决策来帮助我们营造一个有利的阶段性终局。

像小浩这样的人，平静、自如、理性。烂人烂事给他制造的困扰将会大大减少，好人好事被他吸引的概率将逐渐增大。如此一来，他在一生中就能更大概率地正向发展，好运也会常伴他左右。

每天纠结情感问题的人，往往缺乏愿意投入心血的事业

非常坦诚地说，通过大量观察，我发现大多数每天纠结情感问题的人往往缺乏愿意投入心血的事业。

因为他们在感情上投入太多，以至于不管他们多么光鲜亮丽，始终缺乏一种自如的气质，所以他们在对异性的吸引力上存在天然的劣势。也就是说，他们始终无法形成一种昂然而又倔强的生命力。

很多时候，他们更像含羞草，柔弱且非常容易应激。他们的心智带宽几乎被激动、兴奋、失落和伤心等情绪占满。更关键的是，他们的积极情绪、主观能动性都源于异性的滋养，即异性给他们投射的注意力。这些注意力就是他们的全部动力。

如果异性离开，他们可能会立刻显出萎靡或崩溃的迹象。他们对感情投入如此之多，以至于他们的心就像浮萍一样没有着落，在生命中的其他领域，他们也缺乏足够的心力去妥善经营。

他们很难静下心来去建造一个系统，经营一项事业，设计一个

真正能够解决问题的产品。他们缺乏目标与事业心，无力抵御风险，应对多样化的人性，对抗生命的不确定性。

很多感情破裂的原因是：其中一方爱得太痴狂了，以至于在其生活中，除了感情之外，很多事都没有得到良性的开展，所以他们呈现出感情充沛但价值匮乏的特点。

现实生活中，两个人要牵手走向美好的未来，过上理想的生活，除了要拥有真挚的感情，还需要如事业伙伴般在其他方面互相支持。后者恰恰是一段珍贵的恋情能长久维持的关键。

前方高能

事业型驱动模式："开心敛情"

"开源节流"的说法相信大家都听说过。我基于这个概念创造一个新的词，叫作"开心敛情"。我在大部分时候感到开心并不是因为他人对我的关心，而是因为我作为一个主体能够突破自己、创造新事物。

比如在内容创作上，不论是写文章还是做视频，我都是通过实践、思考和表达，来创造出一些具有原创性且深刻的内容，从而不断增强自己的创作能力。比如在设计产品上，我会尝试设计更好的产品，更好地服务自己的核心用户，同时给自己带来健康的现金流。

我为自己创造出新东西而开心。当然，我也会为他人对我的关心而开心——但我大部分的开心、开怀、欢乐，都是因为我真真切切地看到自己在不断突破、创造新东西。这就是"开心敛情"的精髓所在。

我每天都在进步和突破，每天都有所思考和创造，每天都有新想法，每天都有更合理的行为。正是这些突破和创造给了我开心的条件。

我就像一个农民，在一片属于自己的田地上，看到自己亲手种下的作物一天天地成长。我甚至都不用等到丰收的时候才欢欣鼓舞，只需每天默默地看着它们就很开心，而这种开心跟他人对我的关心没有太大关系。

我会很谨慎、很克制地将他人对我的关心作为自己思考和行动的驱动力。不，我无须借助太多的外来情感。我只需用更多的实际行动去创造更多有价值的事物，把自己提供的价值变成一种"硬通货"。"硬通货"不必刻意追求别人的喜爱，只需用解决问题的方式来呈现它的价值。

我就像躺在地面上的一张钞票。别人捡起我这张"钞票"，是正常行为；别人对我这张"钞票"不屑一顾，也无损我的价值。

大烦恼会"吃"掉小烦恼

我刚上大学时心里有很多零碎的烦恼。这些烦恼无限繁殖，吞噬了我的心力，导致我专注力低下。后来，我发现了一个现象：尿急时，烦恼最少。

尿急时，我脑中的小烦恼都会暂时消失不见。因为我现在遇见一个大烦恼——如何尽快找到一个洗手间。这好比大鱼吃小鱼的游戏，所有的游来游去、五颜六色的小鱼全部被"尿急"这条大鱼"降维打击"式地吞掉了。

当一个人尿急时，他迫切地需要一个能方便的地方。在这一瞬间，他开始聚精会神，变得非常专注，而且可能胆子也大了起来，就算是"社恐"的人也会开口问路——真的很着急啊！这不是在开玩笑。

在这个世界上，有不少人找到了自己的使命，当他们专注于自己的使命时，其他琐事不再重要。

这种使命并不是一种他们不喜欢做但不得不做的事，而是指他们发自内心地想创造的价值、想做的事。

今天不完成这件事，他们就难受、不舒服！你让他们吃山珍海味、玩最刺激的娱乐项目，他们也郁郁寡欢、兴致缺缺。非得在今天把这件事做成了，把这块"砖"、这片"瓦"搭建在了他们心目中的价值上，他们才会松一口气，进入平静而愉悦的状态。

让我们把大脑看作一个鱼缸，把日常烦恼看作小鱼。大部分人的发展困境表现为：五颜六色、游来游去的小鱼让他鱼缸里的水无序流动，这导致他们无法集中专注力去做那些有效、有序、有实际意义的事。

如果这时候来了一条大鱼，一口把这些小鱼全吞掉，那么，鱼缸就清澈、干净很多。这条大鱼就是某种使命，这种使命能"吃"掉大部分的小烦恼。

所以，我们要找到我们认为有价值且社会也有需求的那件事——这件事自然会给我们带来的某种使命。在达成这种使命的过程中，我们自然而然地会将注意力投放在更有价值的事情上，而非纠结那些游来游去的小鱼。

我们是喜欢思考、好学且理性的人。我们要找到自己的使命，成就自己的事业。

以事业为核心的能力塑造

第五节

前方高能

- 你的优势有多突出决定了来主动找你合作的人有多少。

- 我要争取让我的毕业证书成为一种锦上添花般的存在，而不是我的前程的决定性因素——我的硬实力才是。

- 我做出行动 A，是因为行动 A 能为我实现自我成长、财富增值和社会使命达成带来帮助。

优势，是最强的竞争力

当你已经有了一定的网络正向影响力，你会发现，能让你提升名气的机会、能让你获利的机会越来越多，主动找你合作的人也越来越多。主动找你合作的人，并不太在乎你的缺点，他们来找你合作主要有两个目的。第一，解决问题。他们想知道你有什么方法可以解决他们的问题，并愿意支付酬劳。第二，互相成就。对方也有一定的网络正向影响力，想与你一起合作，做大做强。这两个目的，没有一个的重点是你的短板，别人紧紧盯着的都是你的优势。

我向你保证，没有任何一个合作方特意加你的微信，或给你写一封邮件是为了问你，你有什么缺点。

大家的时间都是有限的，别人来主动找你合作，必然是奔着你的优势来的。因为唯有你的优势能帮助他们解决问题、满足需求，而不是短板。

你的优势有多突出决定了来主动找你合作的人有多少。我认为，对优势进行深度思考，对以事业为核心的能力进行塑造，应该在做人生规划之初，就开始进行。

培养无须传统教育体系认证的硬实力

在我看来，一个学生不管是否考上自己心目中的理想学校，都要争取拥有无须传统教育体系认证的硬实力。

如果一个人在开始规划人生时就有这样的意识，那么他就占据一个极大的优势。因为这样的意识、这样的思考方向，会让他打开思路，让他未来的生活充实很多。

大部分大学生都以所在院校和所学专业作为核心要素来衡量自己的能力，他们用毕业证、专业课成绩，以及院校授予的各种证书作为未来职场的敲门砖。所以他们在自己的"思维程序"上敲下代码：毕业证、专业课成绩或者院校授予的各种证书是最关键的，我的学业重心就是获取这些东西！

这种思维预设很容易让大学生陷入思维泥潭。因为一旦思维被预设，你的思路以及行动，就变得非常局限。你会慢慢发现，大学 4 年过得挺空虚的，特别是最后两年——你发现自己所学的专业似乎跟现实社会脱轨，那种焦虑而又茫然的心情让人相当难受。

就算你非常喜欢你的专业，你所学的知识也能顺利与社会接轨，你还是可能会有一种浪费光阴的感觉。因为在某种程度上，你感觉你的未来被预设了。

我的建议是，每天好好思考一个问题：无须传统教育体系认证的硬实力到底是什么？

每天围绕着这个问题进行写作和实践，把所思所想写在纸上。每天写，不必修改，然后在周末的时候整体修改一次，让它们变成更系统的规划，然后按照自己的规划去学习、实践、试错、反思、总结。

我向你保证，一个接受正规教育且思维正常的成年人，在大学这几年完全可以通过自学培养出无须传统教育体系认证的硬实力。

一个理性的学生在踏入大学校门之际，应该要有这样的念头：我要争取在我毕业之后，即使在不借助毕业证书的情况下，也能凭借无须传统教育体系认证的硬实力来谋取一份称心如意的工作，开展自己愿意为之倾注心血的项目或事业。

我要争取让我的毕业证书成为一种锦上添花般的存在，而不是我的前程的决定性因素——我的硬实力才是。

做有目标和事业心的人

我曾收到一个小伙伴的留言：Matt，我今年毕业了，但仍感到茫然，对融入社会也有些许恐惧，期望得到你的指点。

我可能难以很好地指点他，但是我一直有些话想说一说，总觉得不吐不快。我敢说，许多年轻人并没有有关自我成长、财富增值、社会使命等意识，他们沉浸于情情爱爱、娱乐消遣、攀比妒忌。

他们从小到大接受的教育，包括家庭教育和学校教育，在启智这一方面做得倒是很不错；但在人生规划这一方面，就显得非常匮乏。

大部分的人受了这么多年的教育，还是没有奋斗目标，即使有，也是假大空的，这个目标到底该如何实现，如何通过一步步地制订计划来达成目标，他们毫无头绪。

在他们心中，这个目标和他们是分离的，无法变成个人价值观和认知系统的一部分；这个目标无法成为指南针，去约束、指引和激励他们的行为。

正因为没有目标，他们对自我成长、财富增值和社会使命几乎没有做任何有效思考。在他们看来，也许成长就是听更多的课、做更多的题、拥有更多传统教育体系的认证，而不是开辟自己与现实社会接轨的认知主场，并锻炼开辟这个主场所需的核心能力，输出价值，获取正向影响力。

在他们看来，财富就是找一份稳定的好工作，然后做到退休；凭借好运气买一套好房子、开一家好店，然后坐拥稳定现金流。他们不会问自己：我应该如何打造自己的个人影响力？我能不能做一个产品？我的产品能解决什么问题？这个产品做出来后，有多少人愿意在产品还未推出时就预订？

他们没有打造个人影响力、个人品牌和产品的思路。对于时代的进步、社会商业模式的变化、客户群的真正需求，他们也毫无思考。

使命，在他们看来，更像是一个笑话。也许他们认为自己没有使命，也没有认真、透彻地思考过自己的人生意义。他们将大部分时间都花在绞尽脑汁地获得别人的认同上。几十个人的认可或嘲讽，就能决定他们一辈子的喜怒哀乐。他们工作、买车、买房、结婚、生子……实质上这些行为都是以几十个人的认可作为驱动力而做出的。

但对于这个世界上广大的陌生人群，这些人到底需要什么，如何解决这些人的问题，如何设计出一个产品来满足这些人群的需求，他们毫无思考。

他们根本没有在这个层面上去琢磨自己到底要培育什么能力，才能提高这个世界某个特定的陌生人群的生活质量。他们一辈子盯着的，是学校颁发的证书、老板结算的工资、周围的人给予的认可。

在这种思维模式下，他们更倾向于追求一种浅层的、不切实际的期待的满足。他们想的是：我做出行动 A，是因为行动 A 能让我得到某种的关注、快感和优越感。但正确的想法应该是：我做出行动 A，是因为行动 A 能为我实现自我成长、财富增值和社会使命达成带来帮助。

前者，注重自身感觉和他人的关注。后者，注重逻辑和价值。前者的能力塑造，以他人的评价为导向。后者的能力塑造，以自我事业为核心。在本书的第 3 章，我们将分析 6 种关键能力。具备这 6 种关键能力，能为我们建立事业、增强个人正向影响力打下扎实基础。

前方高能

第三章

③

关键能力

- 高效表达
- 极致专注
- 精准自控
- 冷静自律
- 无痛自学
- 深度思考

高效
表达

第一节

▶ 前方高能

● 在表达能力的"1.0"状态中，其精髓
　在于感染力，而非正确率。

● 如果把表达能力看成一种武功，那么练
　成这种武功的精髓就在于"大量出招"。

一个交流系统崩溃的人

大学时，一个同学的亲戚来我们宿舍借宿 3 天。这事本来不合规，但宿舍里刚好空了一个铺位，而且那个同学平时待人不错，所以我们也没吭声。那个同学的亲戚叫老郑。老郑不喜欢说话，更不喜欢与人交流。

我们跟老郑说话时，他是有反应的，但是反应非常慢，而且永远只是点个头、摆个手，从不进入深入交流模式。老郑每天都睡到接近中午，然后躺在床上看小说，熬过中午那一顿饭，只在下午五点半左右吃一顿晚饭，然后继续躺在床上看小说。

那个同学说，老郑不愿意交流，是因为他在从小到大与人的交流中，没有得到过积极体验。老郑跟他说的原话则是："说多错多，不如不说。"

从小到大，没有人鼓励老郑去交流。老郑也认定自己没有交流的能力，一开口就露怯。所以，能用动作、眼神，或简单的单音节词来回答，老郑一律不会选择用正常语言来交流。别人对他说的话，他几乎本能地当成命令，只会遵守或默默抗拒，从来不会与别人沟通、磋商、谈判。

老郑像是一个交流系统崩溃的人，就好像计算机卡住、蓝屏一样。对于这类人，所有来自外界的交流，都只能产生两种结果：第一，开机，屏幕亮了，代表听到了、照你说的做；第二，关机，屏幕黑了，代表拒绝、不合作。

老郑在离开的那天，依然一句话也没说。他床上有一袋新鲜的梨，不知道是忘了拿，还是故意留下的。我们数了数，一共有 5 个，正好分给我们宿舍里的 5 个人。

表达的精髓在于感染力，而不在于正确率

在我看来，老郑之所以交流系统崩溃，是因为他长期被封锁在"对错"之中。他总担心自己会说错话，而后被人嘲笑、被人看低。但世间任何一种能力的培养，总得先有一个"1.0"状态，然后才有"2.0"状态。在表达能力的"1.0"状态中，其精髓在于感染力，而非正确率。

很多人都在追求表达的高正确率，想达到一种出口成章、毫无纰漏的表达状态。但我认为，这是一条越走越窄的死胡同，只会让我们的表达越来越僵化。

人与人之间的表达，从来就不是一种非要讲究正确率的游戏。而是你可以反对我的观点、我的逻辑，但我作为一个人，仍愿意平静、理性、有条理地表达我的想法。

跟人工智能不同，人类的表达带有一种粗犷的自信，一种真实的节奏，一种朴素的感染力。一个人站在另一个人面前，用对方听得懂的词句，心平气和、有理有据地说出自己心中的所思所想——我想问，有多少人拥有这样的表达能力？有多少人从小就有意识地刻意练习这种能力？答案是很少。

高效地训练表达能力其实非常简单。

第一步，录视频。拍下自己在说话时的样子并观察调整，直到把细节调整到自己觉得舒服的状态。这样一来，你对自己表达时的状态有一定的认知，那么，你在表达的时候就能突破心理层面的障碍——你不会觉得很尴尬。（这个练习会在后面细讲。）

第二步，阅读接地气、有指导性意义的书。想要表达得好，脑子里得真有"货"，你要找到一本在语言风格上非常接地气的书。在这本书中，作者努力的方向之一并不是让读者觉得他文采很好、编故事能力很强或学问很高，而是用更接地气、更简洁的表达，让读者更清晰地理解他的观点和逻辑。

接地气和简洁，本就带有人类思维独有的真实感染力。多看这种书，并模仿作者的语言风格写下读后感。自然而然地，你会发现，你在说话的时候越来越轻松自如，你越来越能站在对方的角度，平静、从容地展开有效交流，而不是纠结自己的表达是否完美。

第三步，获取外界客观的反馈。结合前两步，你现在看完了一本喜欢的书，写下了一些读后感，接下来读出自己的读后感并把这一过程录下来。对，就这样，不要想太多。然后，把录好的视频发布在合适的平台上，并查看观众的反馈。

在我早期的视频中，有很多青涩且尴尬的表达瞬间，视频的点击量也很少，但如果没有这些早期的练习，就没有我现在总点击量超过 4000 万次的 200 多条视频。

如果你现在也存在表达不流畅或害怕表达的问题，请记住，在刚起步的"1.0"状态，表达的精髓不是正确率，而是感染力。如果你是一个理性的练习者，在这个阶段，你应该大胆地展示自己的不足之处。关键是，你要让对方知道你是一个人，你可以自由自在地表达你的所思所想。

培养表达能力的精髓："大量出招"

在这个世界上，人与人之间大部分的相互吸引、欣赏、尊重，都源于表达。世间很多的不和、纷争、矛盾都能被有效表达所消除。

我在很稚嫩的时候，就深深感受到了有效表达的力量。我爷爷就是一个擅长有效表达的人，他总能简单地把复杂的概念讲明白。他每次跟我讲道理时花的时间并不长，甚至只有寥寥数语，但他讲的道理总令我印象深刻。

我听他说话的时候，感觉自己就像在登山，这座山看上去很陡峭，但其实有很多"抓手"可以让我借力，因此我能一步步攀缘到顶峰。

爷爷经常对我说，如果把表达能力看成一种武功，那么练成这种武功的精髓就在于"大量出招"。大量出招时可能会出大量的废招，但出大量的废招恰恰是练成绝招的基础。这是一个量变引起质变的过程。

以我自己为例，我在制作视频的过程中，几乎每做好 5 条视频就删掉 1 条。因为在有一些视频中，我可能带着个人情绪，存在一些表达上的失误。但删掉视频并不会打击我的信心。

我的逻辑非常简单：我要创造一个能让我持续输出有价值内容的系统。这个系统以阅读、实践和思考为基础进行输出，有时可能存在一些不尽如人意的输出，比如一些表述不当的言论，在我眼中，花费精力去修改、完善它们是必须付出的代价。

如果我想成为一个能稳定输出干货的人，我就必须承受这个代价。不承受这个代价，并发自内心地接纳它，我就无法练成我想练成的绝招。

我把在镜头前表达当成一种刻意练习

大家有没有录过自己唱歌的视频？我试过，视频中的画面跟我想象的画面很不一样，让我非常尴尬。

想象中，我至少能唱得让自己感动，即没有技巧，全是感情，但看着自己拍的视频时，我只感觉视频中的人"病得不轻"——我当然知道那是我自己。

后来我总结了一下，我的五音不全、我的表情扭曲、没有配乐、录制的时候还录到了邻居喊他们家孩子吃饭的声音……各种因素加在一起，使视频呈现一种和我想象中完全不同的样子。

如果没有录下这条视频，那么，我对自己唱歌时的样子就没有一个准确的认识。在那一刻，我忽然有种惊醒的感觉——唱歌如此，那说话呢？

当我很用心地在说一件事时，我的表现如何？能给人一种我在用心表达的感觉吗？于是，我又拍了一条视频，以展示我在说话时的样子。但这条视频拍摄失败了，因为我在镜头前无话可说。我盯着手机的前置摄像头，完全失语，什么都说不出来。

当时我问自己，在我过去的人生中，我真的在镜头前用心表达过吗？没有。我唱歌的样子虽然会让人感到很尴尬，但至少我唱得出来，但要在镜头前表达时，我直接陷入了哑火状态。就是在这一刻，我下定决心：我要把在镜头前表达当成一种刻意的练习。每天我都录一条视频（针对某一个话题说一段话），然后将其发布在网络平台上。

这种练习的效果还是挺好的。刚开始，我的普通话发音不标准，通过做这种练习，我的发音水平提升了；我在表达时很容易情绪激动、节奏混乱，通过做这种练习，我在表达时的条理性也增强了。而且，因为有观众们的各种留言，这些足量的客观反馈让我能对自己的表达做出更合理的调整和修正。

现在，坐下来拍视频，表达心中的所思所想，已然变成一种令我感到舒适的习惯。每次做这件事的时候，我不再是苦苦纠结、消耗大量心力，而是借此提神醒脑、厘清思路。这种在镜头前自如表达能力，是打造个人网络正向影响力所需具备的关键能力之一。

极致专注

第二节

前方高能

- 我们很难成为全才，但只要有核心优势，我们就有机会在竞争中取胜。

- 凡事必有代价。

- 心境在很大限度上能决定时间利用的有效性。

很多痛苦来自对自身缺点的无限放大

很多人一遇到挫败就会想：哎，我失败了，这必然是我的某个缺点导致的，让我找找……哦，我找到了，就是缺点 A 导致的。当他们瞄准了缺点 A，缺点 A 就变成了一个疯狂膨胀的怪物，不断吞噬他们的时间和精力。但有少部分人不是这么想的，他们想的是：哦，失败了，那可能是我的优势没有完全发挥出来。

我们来看看这两类人在思维上的区别。第一类人想的是：我的缺点太大了，所以，这个缺点导致我经历各种失败。这有点像强迫症，即使这个缺点和失败完全没有任何关系，他们还是会不断去主观创造两者间的"强相关性"，以此来折磨自己。但第二类人呢？第二类人想的是：我优势没发挥出来是失败的主要原因。第二类人认为只要自己的优势得到发挥，就取得成功。我们很难成为全才，但只要有核心优势，我们就有机会在竞争中取胜，并在这个优势的基础上不断塑造更多与之"融洽"的新优势，最终形成核心竞争力。

所以，第一类人在失败后，总会沉浸在"找缺点"中不可自拔，但问题是，有些缺点是天生的、不可逆转的，也有些缺点不是短时间内可以改正的。所以，他们一直感到痛苦、纠结。

越痛苦、越纠结，整个人的精神状态就越低迷。他们在外界的刺激和内在的自我打击下，渐渐消沉。

而第二类人呢？他们在遇到挫折后其实没想太多，只想着如何扩大自己的优势，让自己优秀到别人无法忽视。换句话说就是更好地发挥自己的优势，让自己发光发亮，变得无可替代。在这种思路下，人的主观能动性就能被高效地调动起来。

凡事必有代价

我们要出门，就有可能遇上刮风下雨的天气；我们要锻炼，不管是跳舞、打篮球还是踢足球，都可能会受伤；我们要发表一篇文章，那么就可能会收到差评——你写得再好，只要浏览量足够多，必然有人持有不同的见解。碰上不好的天气、受伤、收到差评……这些都是我们做了以上这些事之后，可能会付出的代价。

几乎每一件事，都暗藏代价。当一个人把这个道理想清楚后，他就能提前预判这些代价，从而避免很多心理上的痛苦。

我在上初中的时候，有一次跟小伙伴去踢球。路过一个小区时，发现一个保安小哥正蹲在门卫室的角落大哭。事情的经过大概是：一个不是本小区业主的司机要进入小区，小哥把他拦下了，然后那个司机骂了小哥几句，骂得很难听。这个小哥刚上岗不久，听到辱骂立刻就受不了。小哥想不清楚，为什么自己只想做好本职工作，还会被人辱骂。

当时，一个大叔（应该是保安经理）在安慰痛哭流涕的小哥。大叔对小哥说："如果做保安的这份工作不需要承受可能会遭受不合理对待的代价，那你很可能就不会拥有这份工作。因为如果没有这个'可能会遭受不合理对待'的代价，跟你竞争这个岗位的人将会大大增加。而你现在能在这个岗位上，就是因为你在接受这份工作的同时，也接受了其暗藏的代价。现在，这个代价就是你在工作中可能会被人辱骂。而正是因为这个代价，这个世上很多比你更具竞争优势的人不愿意加入竞争，你才获得了竞争的机会，并成功得到了这份工作。"

大叔的这些话，听起来有点令人不舒服，但道理不浅。

其实任何工作都是如此，而且不仅是工作，恋爱、婚姻等必然都有其暗藏的代价。而这个代价，恰恰是我们能在竞争中取胜的原因之一。如果没有这个代价，世上的很多竞争都会变得极度残酷。

所以，代价不一定是不好的。深刻地意识到这一点之后，我们就能把更高质量的专注力投入更有价值的事情，而不是被客观存在的代价折磨得心态崩溃。

我一直在践行这种心态。通过一次次实践，我发现：一个视频被发布出来，只要点击量足够多，就必然有差评；一个产品被生产出来，只要用户足够多，就必然有认为它没有价值的人；就算是你现在拿在手中的这本书，如果它的购买者足够多，照样会有差评。

前方高能

因此，我在思考、设计和行动之前，就已经将相应的代价基本想透了。我绝不会让这个代价阻碍我的生产。

只要我的内容和产品有核心用户，并且能为这些用户提供持续的价值，我就会一直做下去，一直升级迭代我的内容和产品。正因为我参透了代价的本质，所以我的高质量专注力并不会被差评所消磨，而是可以尽可能多地被倾注到思考、设计和生产之中。

真正稀缺的是有效专注力

其实，这个世上的每一个人都或多或少地在浪费时间，浪费时间是不可避免的，但我们仍需要探究，如何利用好时间来高效完成我们想要做的事。答案就是，培养有效专注力。

有效专注力最核心的要素是心境。一个人，就算在身体比较疲惫的情况下，只要心境保持平和，心中没有太多纠结和思虑，就仍然能专心致志地做事。良好的心境使得办事效率大幅提升。带着轻松和愉悦的情绪，我们会发现，做事很顺利，效率明显提升。

就算这件事，我们只专注地做了 1 小时，也远远比在郁闷状态下做 10 小时更有效率。所以，心境在很大限度上能决定时间利用的有效性。

而且，只要心境平和、心态健康，我们在做事的过程中就能更冷静地分析利弊，更尊重客观发展规律。我们在遇到问题时，也能以更开明的态度进行反思，调整方向，修正流程。

多年前，我曾经度过一段混沌时光，经过深度思考后，我知道我缺的不是时间，而是一个良好的心境。所以，我开始养成这样的习惯：每天花两个小时，用最好的心境，极致专注，完成心中最想做的事情。比如，我每天会利用清晨五点半到七点半这两个小时的时间，利用有效专注力，做我认为最有价值的事。

这样一来，在当天接下来的时间内，我都有一种愉悦、稳妥、平和的心境。因为我知道，就算今天剩余的时间都浪费掉也没问题，因为我已经花了两个小时进行有效专注力的释放，在这两个小时内，我的有效专注力都被淋漓尽致地投放到了价值创造上。

愉悦的心境价值千金

我在小时候就体会到良好的心境对保持专注力的重要性。六年级上学的时候，我从家走到学校一般需要 10 分钟，这一路是非常轻松的。

在路上，我会想：今天在课堂上要如何表现得更好；到学校后，要将昨晚温习的功课再回忆和梳理一下；今天有一个测验，要怎么考得更好。这一路我都在专注地思考一些能切实让我的成绩变好的事。但有一天，班里来了一个转校生，每一科都考得比我好，体育也比我好。我当时不由心生妒忌，希望他转到其他班，因为一看到他，我就感到很烦躁。

有了这种消极的心态后，我发现在从家一路走到学校的 10 分钟里，我完全没有了积极的思考，没有继续专注在"如何让成绩变得更好"这件事上。这一路上，我的心境是封闭、纠结的，我总是想着：我的风头被抢了！他为什么要转来我们班？他买的什么球鞋？哦，比我的球鞋贵。

我关心了太多无关紧要的事，从原本愉悦的心境变成妒忌、焦躁、闭塞的心境，这使我的有效专注力大大削弱。

这样的例子在日常生活中非常常见。很多人都严重低估了"愉悦的心境"的重要性。我们的心太忙了，导致我们无法很好地获得快感——一种稳定自如、沉下心来完成一件事，专注地解决一个又一个难题，而完全不在意外界的风雨的快感。

我们中的大部分人整天关心这个、关心那个，跟这个吵一下，对那个羡慕一下……我们就像猫一样敏感，逗猫棒一摇，眼睛就转来转去，转个不停。

但我们是理性、成熟的人，不是猫。所以，我们应该保护好自己的心境，保持自己的专注力，要对那件"最有价值的事"进行瞄准，精确打击。不管"逗猫棒"如何摇晃，我们都气定神闲、不受干扰。我们极致专注，用良好的心境去做那件我们认为最应该做的事。

一个理性的人会专注两件事：创造价值和自我成长。他会问自己：今天，我创造了什么价值？我各方面的属性，认知、技能、心力、创造力、管理能力等，哪一项能力像小树一样成长了？哪怕只成长了一点点，我也很开心。

通过思考和实践，我发现，只要把专注力投放在创造价值和自我成长上，我就能获得一种开心、愉悦的心境。这种心境能帮助我保持专注力，让我更能专注于创造价值和自我成长。

精准自控

第三节

前方高能

● 世上没有人比你更能直接训练你的大脑，世上没有人比你更知道你应该专注在什么事情上。

● 抛弃受害者思维，不再自己折磨自己。

● 一旦大脑进入效能模式，我们对自己行为的控制力就越来越强。

控制自己，是人间最强大的本领

理性的人不会花过多的心思去控制别人，而是把更多的专注力投放到"控制自己"上。因为"其他人"是非稳定因素，无序、不可控是常态，所以，只能引导，无法精准控制。而对每个人来说"自己"是稳定因素，我们只要足够清醒和自律，就能精准自控。

每个人的个性、际遇各不相同，我们无法判断其他人的下一步决定和行为。就算你能预判他人 90% 的行为，但仍有 10% 的不确定，这样你无法建立有效的判断系统，甚至会陷入人性的泥沼。所以，对于别人，我们只能观察、引导、适度劝说，而无法控制。一旦你想控制别人，大概率只有两个结果：要么被表象蒙蔽，要么引起对方反抗。

控制自己则是一个完全不同的游戏：世上没有人比你更了解你自己，世上没有人比你更能直接训练你的大脑，世上没有人比你更知道你应该专注在什么事情上。

一旦你能全方位地了解自己，学会训练自己的大脑，并且知道此时该干什么事来让自己摆脱困境，你就能更精准地控制自己，从而把自己变成最强的战士，接受自己的指令，指哪打这是人间普遍大的本领。

抛弃受害者思维，不再自己折磨自己

精准自控的关键之一是抛弃自己的消极负面思维，不让其泛滥。回想起我大学毕业后做的第一份工作，那时我的生活中充满了各种各样的"小不爽"。比如，上厕所时没有空位；等电梯时，电梯停在高楼层一直下不来；错过了一班公交车。

这些原本是非常正常的现象，因为这是一个多人协作的社会，必然有各种不方便之处。但是，当时我就是有一种"别人都故意制造障碍来针对我"的感觉，这种感觉既隐秘又强烈。

比如我去饭店吃饭，看到在排队，我会感到很烦，心里想：唉，怎么又排队！但是，如果这家店做的东西很好吃，那肯定有很多人排队。为什么连这种合理的现象都会让我觉得不爽呢？

后来，我逐渐意识到了自己的这种心态。我发现，这些"小不爽"看上去不起眼，但积少成多，渐渐地让我形成一种不良的惯性思维，我就会很容易地产生"我被欺负"或"我被冷落"的主观感受。

正因如此，一遇逆境，一有不顺心的事，我就习惯性地想：

唉，又有人想针对我。渐渐地，我的偏见越来越多，我的决策质量越来越低，我的戾气也越来越重。我变得暴躁、不耐烦、粗鲁，而周围的人受我的影响也变得暴躁、不耐烦、粗鲁。也就是说，我主动营造了一个容易令人变得暴躁、不耐烦和粗鲁的环境，并深陷其中。

如果再这样下去，我将深陷一个消极循环：外界的刺激激发了我的负面情绪，我的负面情绪反过来又强化了外界对我的刺激。因此，我宛如一条金鱼，在一个小小的鱼缸里游动，而外面有无数手指在敲击鱼缸，我每天的生活都充满"条件反射"，这让我无法深度思考。

我不能再这样消极地循环下去，我必须自控，必须阻止脑中负面思维的繁衍。所以，我一直在锻炼这样一种能力——面对外界的刺激时仍能保持沉着冷静的能力。

比如，去外面吃饭，要取号排队，没关系，正常。我取到号之后可以坐下来写一篇文章。上厕所，发现厕所正在装修，无法使用，没关系，正常。我转头寻找其他的厕所。

通过这样的练习，"小不爽"它们的繁衍能力大幅度下降，它们逐渐消失；在我遇到问题时，我也不会有太多的偏见、臆测和条件反射般立刻出现的负面情绪。

前方高能

我告诉自己只需冷静应对，发现问题、分析问题、解决问题，无须夹杂过多情绪。

爱情不该占据一个人过多的时间

精准自控的另一个关键是对时间投入的精准控制。 比如在一段感情中，控制时间投入、避免过度陪伴就是一种智慧。 因为一段感情能健康发展的核心是双方互相尊重，而尊重不会在耳鬓厮磨和无限度的陪伴中被获得。

获得尊重的关键是，对方知道你的价值并欣赏这种价值。 陪伴肯定是有价值的，但在多数情况下，过度的陪伴意味着彼此都没时间去创造在"精神独立"状态下能创造的价值。 因为现实是，只要你在陪伴的状态，你就很难头脑清晰地长时间专注在某件重要的事情上。 而"无法长时间专注"这个事实，极大削弱了个体创造价值的可能性。

我们在前面分析过，个人发展的基础要素之一就是极致专注。如果你希望创造自己的事业和价值，那么，除了感情之外，你必须找到一件事——这件事总让你心心念念地想要去做，今天不做，你就吃不香、睡不着，浑身不舒坦，而一旦做完这件事，你就感到很放松、心旷神怡，在精神上得到极大的满足。

这件事必须面向特定的受众人群。 也就是说，你做这件事必须让特定的受众人群获益，而这些受众人群也愿意支持你做这件事（设计、作品、产品、渠道等）。

这时候，你拥有一种很明确的价值感。感情中的另一方会发现，你正在做一件有价值、利人利己的事，同时会觉得，和你在一起的时候，保护你、照顾你有了更大的意义，因为他在保护一种价值。这就是最发自内心的尊重。

两个人一起生活，必然有摩擦。但只要彼此依然互相尊重，只要"保护价值"的心态依然存在，则一方大概率会在冲突中呈现出更温柔与更通融的一面。如此一来，两者间处理冲突的方式更倾向于表现为，在互相尊重的基础上进行友好且理智的交流与协商。

因为对方愿意呈现这样的姿态，自然而然地，你也更容易接纳对方的意见并尊重对方。有了对彼此的尊重，再加上合理的陪伴，感情稳健发展的概率就显著提升。

自控行为带来效能，效能改变人生

人类的一个关键优势，是能主动做出可掌控的行为。

动物的行为大多只是为了生存，它们的生活质量并没有因此得到显著提升。因为动物的大多数行为，都是在应激时或在生理驱动下产生的，而不是它们经过深思熟虑后做出的。这些行为，是非自控行为。但人类可以通过有效思考，主动地做出一系列冷静的行为。这些行为，是自控行为。

自控行为带来效能。以我自己为例，回到家后，我通常会问自己：今天能不能从过往的思考中整理出一条清晰的思路，写一篇文章或做一条视频。若答案是：能，我就会写文章或者做视频。

我几乎每天都在输出，偶尔会因为事情太多而耽搁，否则风雨无阻，必有产出。只要持续去做，这其实是一个很难被阻止的"势能"，这个"势能"能够被阻止，只有两个原因：身体健康受影响和大脑本身的惰性。大脑会悄声说："哎呀，不必每天都有产出嘛，干吗那么累呢？我们要节省能量。"

但其实大脑并不知道，越想节省能量就越耗能。因为你的身体懒了，头脑懒了，表面上确实节能了，但是内耗严重啊！你总是觉得被懒惰打败，总是觉得浪费了生命，总是很纠结，总是睡不着……这不合算！

我要让大脑清楚地意识到：我们有很多好想法，有很多话想表达，有很多设计想做。所以，我们就要趁着健康、没有病痛的时光持续学习、持续输出，这样我们才活得更痛快，睡得更香！有了这个意识，惰性就开始松动，但是仍然无法被完全移除。没关系，我有启动系统：写东西或收拾房间。

在大脑很懒的时候，我就会打开计算机或手机中的备忘录，随便写点东西。写东西非常有效，因为你写了多少字就是多少字，你能感受到一种肉眼可见的、有效的变化——从文字到句子、从句子到段落、从段落到整篇文章。

收拾房间也非常有效，因为放好一件随意摆放的东西，就能立刻提升房间的整洁程度。所以，写东西和收拾房间的正反馈都来得很快，大脑能感受到效能的冲击。慢慢地，大脑从节能模式变成效能模式。一旦大脑进入效能模式，我们对自己行为的控制力就越来越强。

我们的思考和我们的行为渐渐一体化。这就像用鼠标控制游戏中的人物一样，我们要让游戏中的人物往哪个方向走，就在哪个方向上点。精准、有效，而且传输延迟越来越低。也就是说，我们的可控行为，正开始逐渐布满我们的生活。

这样一来，我们的生命中那些冲动的、多余的、无意义的、高风险的行为会越来越少，取而代之的是，更多更从容、更冷静、更有效的自控行为。

前方高能

冷静自律

第四节

❯❯ 前方高能 ❯❯

● 可以改变的事情上，投入专注力，争取
  突破。同时，与不可控、不可改变的
  事，和平共处，不进行过多的专注力
  投入。

● 这种无视短期逆境的积极性，在我们的
  成长中发挥着极其重要的作用。

减少内耗，是一种干脆利落的选择

自我建设的关键，是减少内耗。如果内耗过多，我们就会慢慢形成消极负面的思维方式，与自我建设越来越远。

减少内耗的精髓是：在可以改变的事情上，投入专注力，争取突破。同时，与不可控、不可改变的事，和平共处，不进行过多的专注力投入。

我们的专注力是有限的，所以高质量的专注力应该投放到能通过我们的头脑和双手改变的事情上。要做到这一点，我们就不能让不可控的事吞噬我们太多的专注力。

这是一道简单的算术题。因为我们的专注力是有限的，所以我们一旦对不可控的事投入太多专注力，就会减少我们在可控地改变客观现实时所能投入的专注力。

在我的实践中，对可控、可改变的事，我会像一只冷静的鳄鱼一样盯着猎物，慢慢靠近它，然后稳准狠地紧紧咬中它。而对于不可控、不可改变的客观事实，我会像一只水豚一样，处于一种淡然、迟钝的状态，以使我的专注力不被过多吞噬。

归根结底，减少内耗是一种理性的权衡之举，是一种干脆利落的选择。

我们通过权衡利弊，主动选择放弃对不可控的事投放太多专注力，这是做减法。 我们把更多高质量的专注力投放到生产、成长、能力塑造这些更可控的事情上，这是做加法。 这就是减少内耗的加减法系统，简单粗暴，但实用。

前方高能

保持积极，是一种彪悍的能力

减少内耗之后，我们就更容易获得一种彪悍的能力——保持积极。很多人的积极性，其实是由外部事物或短期结果所决定的。比如，事件 A 对他们来说是一种刺激，这种刺激决定他们的下一步行动。

又如，一件事做得很顺利，他们就更有动力去做；一旦做得不如想象中的顺利，他们的动力就被削弱。对于我来说，只要我的逻辑清晰，并且我确定这件事自己能做，我就能在一定程度上摆脱外部事物或短期结果的干扰。

我的大部分专注力可以被投放在做这件事情和营造阶段性终局上，而不是被外界的鸡毛蒜皮或短期结果所吞噬。这种无视短期逆境的积极性，在我们的成长中发挥着极其重要的作用。它让我们从自身出发，一步步走出属于自己的发展道路，而非期望或依赖他人给我们带来美好生活。

不要在人生潦倒时谈恋爱

小李是一个潦倒的人，在成长过程中很少创造过有价值的东西。小李在越潦倒时就越容易期盼另一个人给出积极反馈。

小李遇到困难时，会安慰自己：不要紧，"他"一定是我坚实的堡垒；还好"他"会安慰我；还好"他"仍然挂念我；没关系，最终我们会结婚的……慢慢地，这种期盼变成下意识的喃喃自语，这种下意识的喃喃自语又逐渐演变成心理上的对他人的重度依赖。

刚开始的时候，对方可能挺享受这种黏人的感觉，但慢慢地，对方也累了。对方不想一次次地被小李的期盼和依赖束缚。所以，对方想要挣脱。这时候，害怕和焦虑充斥着小李的内心——小李内心的天空忽然电闪雷鸣，倾盆大雨哗啦啦地落下。

此时，各种由负面情绪驱动的臆测在小李的大脑中疯狂滋长："他"怎么没有回我的信息？"他"的朋友圈中怎么出现另外一个异性？"他"回我的这条信息怎么这么短？"他"的语气为什么这么冷淡？

曾经付出的大量时间、精力全都化成雨水，不要钱似的往外漏。

这些时间、精力和心力原本应该花在自我建设、创造价值、改变命运上，小李却将其花在无意义的揣测和纠结上。

小李早上叹息一番，中午琢磨一番，晚上睡觉前还要紧锁眉头，回忆某些线索，在脑海中重演对方绝情的话语和举动……这种心态对改善小李的感情和生活状况没有任何帮助，小李在做无用功。

小李掉进了负面思维的陷阱。因为没有建设自己能够倚仗的事业，小李对别人产生了过度依赖。这种过度依赖渐渐地变成了一种畸形心理："他"必须这样，如果不这样，那就意味着有大事要发生了！所以，我要控制"他"的行为，"他"要按我的要求来做！

这种心理是不折不扣的毒药。那解药是什么？是冷静地自我建设。

小李的第一要务应该是把心态调整好，把思路理清。从现在开始，小李应该把注意力投放到可以创造的价值上，踏踏实实地做一些真正可以改善生活的事。这样，小李的思维、心态和生活方式，就会越来越合理。

合理的思维、心态和生活方式必然会给小李带来更愉悦心境，愉悦的心境会带来更多有效的专注力，让小李能够用心地建设自我，推进一项正向发展的事业。不断建设的自我、持续正向发展的事业会使小李的吸引力越来越强，真正尊重小李、欣赏小李、珍惜小李的人也会越来越多。

前方高能

摆脱情绪纠葛

还是以小李为例子，假如小李分手了。分手之后，小李还是小李，他的坏习惯、好习惯、价值、缺点、优势都还是跟之前一样。

真正让小李的价值减少的，是他陷入太多的情感纠葛。情感纠葛让小李变成了一个愁苦的人。小李的脑中全都想的是：谁对谁错、谁辜负谁、谁欺骗谁……如果小李不能冷静地把这些思绪斩断，它们就会变成长年累月困扰小李的心结。这种心结将不断地消耗小李的专注力，让小李的视野变窄、行为受阻。

不去冷静地建设自己，而去无意义地纠结一段已经失去的感情，是可笑的。这在无形之中强化了外界对小李的印象：小李是一个被抛弃的人。

所以，小李现在要做的并不是要唤醒别人的同情心，而是开始动手打造自己的优势，建造自己的主场，寻找自己的人生课题。小李要从现在开始，自洽而活。

小李要根据自己的优势，在自己的主场深究自己的人生课题。

小李应该直起腰板，发挥主观能动性，保持积极，做自己该做的事，培养积极的习惯，打造正向影响力。

小李不需要别人的怜惜、安慰，不，小李不需要安慰，请不要安慰小李。

小李需要的是在逆境中冷静自律，并用正向行动激励其他人。

前方高能

无痛自学

第五节

▋▋ 前方高能 ▋▋

● 流利表达的另一个精髓在于表达，而不
　是完美。

● 提高口语表达能力有两个关键点：积累
　和落地。

为自己搭建一个知识宫殿

当我只纠结对错的时候，知识不再有趣，学习也成为一种折磨，令我越来越痛苦，导致我不想学习。这时，我发现自己存在两个障碍。

第一，怕犯错。我不敢尝试新方法，不能接受新方法，这导致我吸收知识的广度受限。

第二，不深入学习。这令我脑中的知识碎片化、浅层化，导致我研究知识的深度受限。

广度和深度受限，都导致我无法建立一套行之有效的系统性思维，也就无法对知识进行采集、吸纳并将之延伸至实践。也就是说，我无法搭建起知识输入和知识输出间的桥梁。

我吸收的知识太零散，研究深度也不够，这使我没有动力去认真思考和内化这些知识，进而导致我无法通过输出（如写作）来梳理和构建属于自己的认知系统。所以，我看上去似乎永远在吸取知识，但今天背、明天忘，知识就像泥鳅一样难以抓在手中。

我的整个学习过程就好比工厂的流水线：第一，我不知道手头这个零件对我有什么用处；第二，每个零件都是独立的，没有联系；第三，零件不属于我，出了当前这道工序，就和我断了联系，它的价值几何也和我无关。

在这种状态下，我很难发自内心地产生对学习的兴趣。

后来我发现，科学有效的学习过程其实更像集邮。比如，小李喜欢集邮。小李不用刻意去记，但每张邮票的画面、面值，包括其他各种细节，他都记得清清楚楚。

在小李的观察和思考中，邮票与邮票之间有联系、能互通。于是，小李非常耐心地将这些邮票分门别类地收好。

在广度上，小李拥有各种类型的邮票。在深度上，每种类型的邮票小李都有许多张。几年下来，小李拥有一本厚厚的集邮册，这本集邮册在小李心中占有重要的位置。

小李发自内心地乐意将集邮册中的邮票展示给别人看。谈起一张邮票时，小李甚至能讲述一段历史、一种文化现象，而且观点和逻辑明确，带着小李自己的思考、感悟和理解。

集邮册里的一张张邮票其实就是不同的知识。这些知识被分门别类，脉络分明又相互交织。提起一个点，带起一整面，举一反三，触类旁通。

前方高能

虽然集邮的过程看上去非常烦琐，毫无生趣，但小李却乐此不疲。热衷于集邮的小李，全心全意、一砖一瓦地搭建起了一个别人看不见的知识系统。在这种状态下，没有什么能阻止小李学习。

提高口语表达能力的关键

这一小节，我们来分析自学英语口语的方法。 这一小节的内容可能有一些小伙伴看不懂，但我尽量用最简洁有效的语言将我的观点传达给你。

提高口语表达能力有两个关键点：积累和落地。

首先，积累。 在交流中，我们必须做到心中有足够多的"语流"让我们去选择。 我们在表达的时候，我们的大脑应该有很多现成的应用程序，供我们选择和使用，而不是我们要现场设计一款应用程序。

口语表达流利的精髓之一在于积累足够多的地道表达，并反复练习，将其变成能够下意识输出的模块，以此来减少实战中现场翻译、思考和纠结语法的时间。

我们要筛选我们喜欢的"语流"，并反复练习，让它们在表达的时候，连同发音、语调、节奏一起凝结成刻意练习中的心理表征，从而做到选择多，且无痛地输出。 而不是在实战中冥思苦想一个观点、一个例证、一条逻辑链，就像是在被严刑拷打一样。 在实战中，一旦你要塑造一个观点、一个例证或一条逻辑链，你会发现，即使你最后成功地表达了出来，在对方看来，你并不是在表达，而是在"挤牙膏"。

那些看上去表达很流利、输出质量很高的人，他们表达的大部分内容都不是临场构思的，而是由脑中已经记熟了的表达模块转化的。他们在表达时，只是在模块与模块之间做一些连接和调整。

分析了第一个关键点后，我们来看看第二个关键点：落地。流利表达的另一个精髓在于表达，而不是完美。跟你交流的那个人，无须知道你要表达的全部意义，只需要知道你想表达的 70% 左右的内容就足够了，剩下的他自己可以推测，或在随后的问答中填补细节。

很多人在进行口语表达时总想使出完美一击。也就是说，他们在交流的时候，想的不是我如何更好地"落地"我的思考，而是我如何精确地翻译呈现自己的脑中的那句中文。

大家回忆一下，在本小节的开头，我说：这一小节的内容可能有一些小伙伴看不懂，但我尽量用最简洁有效的语言将我的观点传达给你。我并没有说要将我脑中的所思所想，严丝合缝、精确无误地描述出来。

不仅仅是英语表达，即使是在中文表达中，也有很多人具有完美主义倾向。 他们其实是在写论文，而不是与人进行舒适、轻松、有趣的交流。

前方高能

搭建自学系统

我在初中的时候，记忆力不是很好，很讨厌烦琐的语法及各种几乎用不上的单词，所以我并不喜欢学英语。但当我有了"句模系统"的帮助之后，我自学英语的过程开始变得有趣起来。

因为在自学的过程中，我在发挥我的优势：我喜欢阅读，喜欢思考，喜欢简洁实用的地道表达。我找到了一条适合自己学英语的路，用4个字概括就是"博观约取"。

我从我喜欢的书和文章中筛选并内化我喜欢的地道表达，使其成为我的"句模系统"的素材。这些地道表达包含各种句式、词汇、例证、逻辑链，就像七巧板一样，能让我随意组合。

我之前的弱点是记忆力不好，但现在，我的记忆力得到了大幅提升。因为我在看英文书和文章时，需要不断筛选地道表达并将其纳入我的"句模系统"。通过不断地阅读、筛选、记忆、内化、输出，我的大脑产生了对母语者语流的舒适度。这种舒适度大大提升了我的记忆力。我的记忆不再是对单词、语法规则的记忆，而是对地道表达的记忆。

通过实践验证，我发现这种记忆更高效，因为语言的契合。我所筛选的地道表达中，包含实用性强的词汇、句式、例证和逻辑链。

我在筛选地道表达的时候，常常会发自内心的感叹：呀，这些表述我很喜欢，很契合我的思维和价值观；哦，这个句子含义深刻，对我的人生有指导作用；啊，这个句子解释了一些我之前一直不明白的事，让我一下子豁然开朗！

你看，这样一来，对我而言，学英文不再是苦差事，而是一种契合度的追寻与满足。各种契合点的碰撞，让我在阅读和记忆的时候有更多的喜悦感，记忆效率也越来越高。回想起当年，我在课堂上看着老师写了那么多的语法规则，死记硬背了那么多的单词，契合点又有多少呢？有一句话能代表我的心里想说的东西吗？有一句话能解开我的困惑吗？有一句话能指导我的人生吗？

没有，黑板上列的都是零碎的知识。今天背个单词，明天学句套话，后天练习某个语法……这些虽然都有用，但于我而言无趣至极。

每个人对于无趣的东西的接受能力各不相同。有些人确实能高强度地学习无趣的知识，但我不同，我天生对无趣的、跟个人实际发展不契合的知识极为抗拒。我需要找到我感到有趣、

前方高能

实用、有指导意义的知识，然后通过筛选、记忆、投入实践，将其变成我认知系统中的一部分。

这才是我喜欢的学习，这才是我能高度沉浸的自学模式，这才能让我感到我在安静、耐心地搭建积木，谁也打扰不了我。

深度思考

第六节

❯❯ 前方高能 ❯❯

- 思维能力影响决策能力。随着思维能力的下降，我们会发现，每天做出的决策的质量就像一个个纸箱，看上去鼓鼓的，其实里面空空如也，什么都没有。

- 很多人总是在冥思苦想、闭门造车，他们把大量的时间花在空想上——思考频率挺高，但想法无法变成有效行为。

- 深度思考离不开深度阅读，阅读量的缺失是一种极其耽误发展的劣势。

大部分人都有思考的痛感

小时候看《三国演义》，看到关云长刮骨疗伤的情节，我当时就想，关羽太牛了，居然这么能忍痛。后来我意识到——是不是关羽的痛觉比别人迟钝，所以他感觉不到剧烈的痛楚？有没有可能，那种非人能承受的痛，对关羽来说只是小菜一碟？

也就是说，如果同样进行刮骨疗伤，一般人的痛感是10，而关羽的痛感可能是1，甚至是0.1。从这个角度出发，我逐渐发现，世上的人因为成长环境和思维习惯的不同，他们思考的痛感也是不同的。

现实是，对于很多人来说，思考会带来极大的痛感。思考的痛感大体上分为两种：第一种是大脑运转带来的疲倦和不适，第二种是多次思考无果带来的习得性无助。

先看第一种思考的痛感：大脑运转带来的疲倦和不适。我记得当年我高考完去深圳玩，顺便在罗湖兼职，体验一下那边的流水线工作。该工作的流程是：拿个小纸箱，朝纸箱内放入一本说明书和一个小玩具，然后合拢纸箱，将其放到另一边。这套动作需要一直重复。

当每天工作 8 小时后，因为你的注意力长时间聚焦在这些动作上，你会发现你很难将注意力从这些单调重复的动作中抽离出来，投入深度思考之中。

你会发现你的大脑是空的、木然的。下班了，你满脑子只会想：唉，好累，该好好娱乐一下，让大脑放松放松。这就像一个即将窒息的人渴望得到空气一样。你期盼什么都不用想、不用思考，跳入刺激的画面、刺激的感受、刺激的游戏中，而非沉浸到沉静的、细致的思考、阅读和设计中。

事实是，若我们日复一日地在流水线上劳作，我们的大脑就会慢慢抗拒思考。干单调的累活，干完后重度娱乐，如此重复一天又一天，就会形成恶性循环。从此，思考这件事会越来越让我们不舒适、越来越让我们不爽；而思考要消耗的能量、要调用的意志力，也会变得越来越多。

渐渐地，我们变得不愿思考了。于是，我们更容易被肤浅的信息吸引，被浅层的刺激所诱惑，我们的大脑中大多都是一些价值缺失的感受碎片。所以，我们的思维能力会显著下降。

思维能力影响决策能力。随着思维能力的下降，我们会发现，每天做出的决策的质量就像一个个纸箱，看上去鼓鼓的，其实里面空空如也，什么都没有。随着决策质量的下降，人生这条路也变得越来越难走。

前方高能

现在来看看第二种思考的痛感：多次思考无果带来的习得性无助。

很多人总是在冥思苦想、闭门造车，他们把大量的时间花在空想上——思考频率挺高，但想法无法变成有效行为。他们总是在自己的认知局限中思考、琢磨、纠结，却始终无法做出有效的行动。

曾经我也有过这种问题。当我决定做 UP 主的时候，我掉进了无效思考的陷阱。我一直纠结来、纠结去，纠结了很多东西：器材、剪辑、特效、灯光、布景、字幕……每一个纠结都会带来更多的纠结。

在长达一个月的时间，我干坐着纠结一些跟内容无关的东西，一条视频都没做出来。为什么会出现这种情况呢？因为我一直在臆测什么是优秀视频具备的条件，然后不断去想如何达成这些条件。

这样一来，思考就变得很痛苦。因为，有太多的概念要理解，有太多的设备要采购，有太多的技术要学习……白茫茫的一片，我什么都抓不着。

就算抓到了，我也总感觉很别扭，太多的套路、太多要学的技术、太多的纠结让我觉得自己是在自讨苦吃。那时，我每天都在自我打击——别人几乎一周做几条视频，我呢？纠结了两个多月，一条视频都做不出来。

还好，在放弃的边缘，我终于摆脱了"当局者迷"的状态。当我真正冷静下来去观赏很多优秀 UP 主的视频时，我发现：在有优秀内容的支撑下，视频的展现方式其实可以非常朴素、简洁，甚至具有粗粝感。

在那一刻，我开始问自己正确的问题：我又不是评测区或技术区的 UP 主，我为什么给自己那么多限制呢？明明很多有影响力的 UP 主都是坐着说、站着说，甚至一边跑一边说的。

因此，做好视频的关键在于内容有价值和表达有感染力。器材、特效、背景、拍摄手法，都是服务于有价值的内容和有感染力的表达的。想透了这一层，我的心就稳定下来了，我也开始有了明确的行动方向。我开始采取非常精简的呈现方式向陌生人展现我学到的东西、我的困惑、我的突破。

这样一来，我的思考的痛感大大减轻。大量纠结和琢磨瞬间消失得无影无踪，取而代之的是关键点。内容价值和表达能力，就是我要紧紧抓住的两个关键点。其他一切都只能起到锦上添花的作用，而非决定性作用。

把思维变成一把锋利的剑

一个人的思考能力可以从 4 个层面进行有效锻炼。比如，"人各有志"这个成语，我们根据字面意义来理解就是，每个人都有不同的志向。因此，第一层就叫作理解字面意义的层面。

第二层，是观察的层面。我们看到"人各有志"这 4 个字，将其记在心里，然后通过观察社会现象，我们得出了一个结论：大多数人都有自己的志向，但他们的志向有大有小。志向小的人，话说得很厉害，但实践太少，缺乏有效行动来支撑志向的达成。志向大的人往往对自己到底该做什么很明确，且有大量的有效行为来支撑志向的达成。

在第二个层面上，我们有了一定的阅历，跟很多人打了交道，所以渐渐能看懂并归纳总结出很多人的行为和社会的一般规律。然后，我们慢慢地来到了第三个层面，即洞察的层面。

洞察比观察更深入。从"人各有志"这 4 个字，我观察到了足够的人类样本和社会活动，所以，我开始洞察到：真正有效的志向其实是一种思维和行为的日常化。

也就是说，志向并不是一个"高大上"的、过于缥缈的愿望，而是一个能通过每天做某些事、执行某些任务达到的目标。比如，我们的志向是成为一个有价值的人。那么，有价值的人有什么特征？其中一个特征就是拥有较为突出的思考能力。思考能力如何提升？每天通过阅读、反思、写作、表达、创作，有条理、系统性地对自己的收获进行梳理即可。这个志向是我们能通过执行一些切实可行的计划来一步步达成的。有了上述理解，我们就能来到第四个层面——执行的层面。

这个时候，我们已经深刻洞察到了一个逻辑、一个道理、一个客观规律，所以我们愿意持续地做一件事。很奇妙的是，当我彻底想通做一件事的意义之后，我的行动力会陡然增强了。因为通过字面理解、大量观察、深刻洞察这 3 个阶段，我们有自信和动力去付诸行动，然后在实践中取得正反馈。

我们对某件事的认知如此之深刻，以至于我们清楚地知道，只要持续去做，成功的机会就越大，所以我们更愿意持之以恒地不断实践。这就是我在实践中发现的思维能力发展的 4 个层面。通过这 4 个层面的发展，一个人的思维就会变成一把锋利的剑。

前方高能

阅读量的缺失是一种极大的劣势

深度思考离不开深度阅读。阅读量的缺失是一种极其耽误发展的劣势，因为这是一种系统性的缺失。

这就好比在下象棋的时候你让了对方一个车。让一个车是一种极大的劣势，因为这不仅仅是"单个子战斗力"的丧失，也使得车与其他棋子之间的很多配合无法展开。也就是说，让了车之后，我们会系统性地缺失很多棋路来对对手进行牵制。而阅读，就是棋盘中的这个车。它的价值无法用"单个子战斗力"来衡量，因为它还与阅读之外的其他事件相联系。

比如，阅读能跟实践结合起来：阅读完之后，将一些阅读到的知识应用于实践；或者在实践中进一步感悟之前阅读过的知识。这样一来，浅层的知识在实践中变成了更系统性的认知，形成一种工具，提高了办事效率。

阅读，也能跟表达能力与写作能力结合起来。我们阅读的好书越多，那么，我们的理性思维能力、能参透本质的笔力，以及具象化的表达能力就越强。

阅读，也能跟语言学习结合起来。比如学外语时，阅读能让我们了解地道表达。单词、语法、句式，无非都是"语流"这个池塘里的鱼，我们在内化书中"语流"的同时，词汇量在不断增加，对语法和句式的掌握程度也在不断提升。

阅读，也能跟人际关系结合起来。两个用心读过同一本书的人，相当于跨越时间和空间做了一次认知上的深度交流。两个陌生人都深深喜欢同一本书，从本质上看，就是一种对彼此的认同。

所以，阅读就是象棋中的车——它可以纵横贯穿，往来驰骋，与其他棋子形成"交叉火力点"或坚固的"防线"。也就是说，它在系统内爆发和牵引出来的能量要远远大于它"单个子作战"时的威力。

真正有效的阅读离不开重复

一本书，看了就忘，其实是常态。我认为，真正有效的阅读离不开重复。

在我的经验中，一本真正适合我且富有启迪意义的书，是可以反复读的，且常读常新。每次阅读时，我总能结合自己的人生经历，从作者的文字中得到更多的生活体悟。

如此一来，经过多次阅读，很多认知节点就能被我更深刻地记忆、理解和运用。在看一本书的时候，若我们对书中某一个段落或某一句话有所感悟、有所思考、有所记录，那么，在看第二遍的时候，我们就会有一种在听老歌的感觉。

听老歌是一种什么感觉呢？是仿佛时光倒流、记忆重启的感觉。当我回看一本书，看到以前思考时做的笔记的时候，我会想：原来当时我是这么想的，但我当时为什么有这种感悟？当时思考这句话的时候，我为什么会产生这种心态？我当时经历了什么痛苦？我当时要解决什么问题？

这其实是一种非常有效且有趣的视角，同时，也是一种高效的自我反思训练。所以，对我来说，阅读绝对不是只读一次，而是读一次又一次，不受时间与空间的限制。

其实，阅读是一个寻宝的过程。随着人生的发展、认知力的提升，同样一句话能从不同维度给你更深刻的人生体会；而且，因为你重复读了多次，书中的核心思想会潜移默化地影响你的思想、观点和行为。

你会在日常生活中不知不觉地运用阅读的内容，写相应的字，说相应的话，做相应的事。你就像有了一份游戏攻略，会情不自禁地想：我要试试这份攻略好不好用！就是这种勇于接受不同认知、勇于尝试、勇于试错的精神，让你的生命力越来越旺盛。

所以，阅读更像是一种对他人认知的探索、研习和内化，是一个修炼思维武功的过程。思维武功提升之后，打出来的招式（做出的决策）的质量必然随之提升，而高质量的决策可以造就更豁达的人生。

前方高能

人生没有真正的"完蛋"

人生真正的"完蛋"是你没了意识，无法控制自己的大脑和身体。除此之外，没有真正的"完蛋"。

比如小李高考失败了，这对小李来说是一个非常大的挫折。但是，高考失败这件事，不影响小李身体的健康，也不影响小李能趁着今晚的月色不错，走到广场看大妈们跳广场舞，也不影响小李今天买一份烤鸭，坐下来慢慢吃。

它不影响小李深度思考以下两点：一是，我能给这个世界提供什么价值；二是，这个世界，为什么要需要这种价值。

只要一个人的身体无碍、思维正常，就不存在人生"完蛋"这回事。所有的"完蛋"都是我们自己构想出来的，我们把自己构想出来的消极思维填塞进大脑，让自己产生无限的焦虑和恐惧。这种焦虑和恐惧逐渐加剧，影响我们的决策和行为。

当年高考我也考砸了，并没有考上理想的大学。我得知了这个消息后，浑身微微发抖，整个人胃口都不好了，不仅吃不下东西，甚至有点腿软，走不动路。我躺在床上，满脑子都是负面情绪。但在这种状态下，我怎么能解决问题呢？我自己都成问题了!

后来我想明白了,其实高考考不好,固然有运气不好、发挥失常的原因,但这个结果本身是合理的。我走进高考考场的那一刻就知道,自己要考好必须超常发挥,而考不好是非常合理的。对着一个合理的结果生闷气,是一种不理智的行为。

高考失利后,不管是复读,还是进入一所不理想的大学,都是人生选择。关键在于我们在做这种选择时,要有自己的一套逻辑、一套方法论、一套系统。

非常坦诚地说一句,所谓的高考失败,对多数人,包括我自己,都是一个合理的结果。它反映了我们对考试这个"游戏"的不专注、不擅长或不重视,仅此而已。它既不能代表我们笨,也不能代表我们弱,更不能代表我们"完蛋"了。它只是一个合理的结果。

一个真正理性的人,不会因一个合理的结果而产生情绪困扰。因为如果连合理的结果都能让我们产生情绪困扰,吞噬我们的心力,那在以后的人生中面对不合理的结果的时候,我们又如何自处呢?

请记住:就算遭受极大的挫折,我们也可以从容地做出一个个使局面优化的决策。这其实是一种非常自在的状态。

一个真正理性的人，应该把一次次的失利当作一次次的历练，从而锻炼自己在困境中、重压下仍能保持淡定自如并做出多个高质量决策的能力。

这种能力非常稀缺但有效，特别是对很多表面牛气、内心不堪一击的人来说。

共勉。